我
思
· CERITH ·

（法）

凯瑟琳·穆勒

著

姜余 严和来

译

移情

弗洛伊德与拉康

GUANGXI NORMAL UNIVERSITY PRESS

广西师范大学出版社

· 桂林 ·

移情：弗洛伊德与拉康
YIQING: FULUOYIDE YU LAKANG

策　　划：我思 Cogito
责任编辑：韩亚平
助理编辑：范荧莹
责任技编：王增元
装帧设计：关　于

Le Transfert:Freud et Lacan
Copyright © Campagne Première,2021
Simplified Chinese translation copyright © 2025 by Guangxi Normal
University Press Group Co., Ltd.
All rights reserved.
著作权合同登记号桂图登字：20–2024–182 号

图书在版编目（CIP）数据

移情：弗洛伊德与拉康 /（法）凯瑟琳·穆勒著；
姜余，严和来译. —— 桂林：广西师范大学出版社，2025. 2.
ISBN 978-7-5598-7891-5

Ⅰ. B84-065
中国国家版本馆 CIP 数据核字第 2025K433X9 号

广西师范大学出版社出版发行

　广西桂林市五里店路 9 号　邮政编码：541004

　网址：http://www.bbtpress.com

出版人：黄轩庄

全国新华书店经销

山东韵杰文化科技有限公司印刷

　山东省淄博市桓台县桓台大道西首　邮政编码：256401

开本：850 mm × 1 168 mm　1 / 32

印张：7.625　　字数：116 千

2025 年 2 月第 1 版　　2025 年 2 月第 1 次印刷

定价：49. 80 元

如发现印装质量问题，影响阅读，请与出版社发行部门联系调换。

中文版序

移情是精神分析最重要的活力。有了移情，无意识才会参与到每一次治疗中。

当我读到弗洛伊德说"移情必须被猜出"时，我感到非常惊讶。当时法语版将"猜出"（erraten）翻译为"解释"。法语做这样的翻译令人费解，让我感觉意外和不安。因此，我选择阅读德语版弗洛伊德著作，当时德语对我来说是一门不熟悉的语言。但是，我相信弗洛伊德。

我并不只是寻找这个词的意义，我要回应这个德语词的召唤，回应"erraten"（猜出）的声音带来的振动，以及由这个词带来的其他词的扰动，其中就包括与之直接相关的"Rätsel"（谜）。我一开始不懂这些单词，但我聆听它们的韵律，琢磨它们的字义，这让我对弗洛伊德有一种陌生的熟悉，也对他发现移情价值的那些重要阶段有一种陌生的熟悉。

除了雅克·拉康，法国的分析家们数十年来一直回避这个词，他们的借口是："猜测"可能会威胁精神分析的理性，将精神分析拖入难以言喻的直觉之中，或将其简化为单纯的猜测游戏。

其实，在弗洛伊德看来，"猜测"不是一种解释技巧，而是一种基于诸种语言线索的方法，而人类正是通过这些语言线索来背叛（verrät，该词在德语中也有"揭示"的意思）自己的。可以说，只要加上这个小小的字母"v"，就能将"erraten"（猜测，获取理解的方法）转化为"verraten"（背叛，揭示）。弗洛伊德就是这样将其方法的精髓写进精神分析的语言中：通过关注人类背叛和揭示自身的一切，猜测无意识形成物的隐秘面貌。

我非常了解拉康。多亏了他，我才完成了我的个人分析。他后来还是我的案例督导，我们一起就我的临床个案做了很多工作。

我可以说，拉康一生都保持着对弗洛伊德的强烈移情。他是他那一代人中唯一承认"弗洛伊德占卜学"并向其致敬的精神分析家。

我在这本书中强调了他对弗洛伊德的移情。甚至在"移情与传递"一章中，还有一个小节的标题是"雅克·拉康对弗洛伊德的移情"。

在 1969 年 1 月 8 日的研讨班上，如果我没有记错，当时研讨班主题是"从大他者到小他者"（D'un Autre à l'autre），他在那次研讨班上说了一句话，我觉得比任何评论都更能说明他对弗洛伊的移情："弗洛伊德不需要看我就能凝视我。"（Freud n'a pas besoin de me voir pour me regarder.）

他没有机会见到病重的弗洛伊德。"在其凝视下"，在法语中，是一个非常有力的说法。正是在弗洛伊德的凝视下，他完成了精神分析的巨大成就。也就是说，拉康感到弗洛伊德并没有放弃他，正是在弗洛伊德的"凝视"下，居住在他身上的统治着他的欲望才没有失败。我看到过拉康殚精竭虑又筋疲力尽地继续着他的分析工作。

拉康总是说："你不能超越弗洛伊德，你要与他同行。"这使他能够在保持弗洛伊德风格的同时对精神分析的概念又做了新的发展并发明了新概念。他对学生说："你们可以说你们是拉康派，而我是弗洛伊德派。"

我要衷心感谢两位译者和中文版编辑所做的辛勤工作，我会把这本书的中文版送给我的两个孩子，为此我感到骄傲。

凯瑟琳·穆勒

2024 年 11 月 27 日

CONTENTS

目　录

第一章　移情，单数的和复数的

> ［……］我被移情震惊了。[1]
>
> ——弗洛伊德

移情（transfert）这一术语并非精神分析所独有，但不容争辩的是，弗洛伊德是将其公之于众的人。他将其辨认出来，对其进行理论化，尤其他将其作为精神分析工作中最强大的飞跃："没有移情的分析是不可能的。"[2]移情就是分析本身，他反复锤炼这个概念，指出可移情之物就意味着可分析之物。

---

1 Sigmund Freud, « Fragment d'une analyse d'hystérie (Dora) » (1905), in *Cinq Psychanalyses*, Paris, Puf, 1954, p. 89.
2 Sigmund Freud, *Sigmund Freud présenté par lui-même* (1925), Paris, Gallimard, 1984, p. 71.

我把第一章的标题定为"移情，单数的和复数的"，正是为了让大家看到每个人所具有的移情模式的独特性，其表现以及构思阐释方式的多样性。在把它结构化，打磨为一个治疗理论之前，弗洛伊德就发现了以复数形式出现的多重移情。它们表达了来自无意识材料的、幼年运动的、幻想的、冲动客体代表的和记忆痕迹的位移；在治疗过程中，它们在精神分析工作者[1]在场的情况下经历了现实化。这些移情将过去的情境以一种从未有过的形式表现出来，它们是以重新登录或者说"活现"的方式，把过去作为当下生活进行体验。

　　给"移情"加上定冠词，往往会将其变成一个可能具有所有含义的概念单元，而它总会超出试图囊括它的东西。必须强调它的本质：无意识欲望在空间和时间上的移动、位移和异地化。"Übertragung"一词很好地概括了这一点，在弗洛伊德的语言中，"über"的意思是"超越""运输"，如法语中的"transport"。它还可以具有"传递、转录、翻译、

1　（psych）analyste 在本书中会有两种中文翻译："（精神）分析工作者"，或者"（精神）分析家"。译注。

将文本转换成另一种形式"的意思。在我看来，为了不对它进行固定僵化的理解，我们可以从移情之物如何在分析中发挥作用这一动态角度来思考它。

卷帙浩繁的出版物都在论述移情，它是分析家之间交流最频繁的概念，人们一致认为移情是分析家的独特标志，承认治疗师卷入治疗是精神分析与其他心理治疗技术的区别所在。然而，这并不意味着他们在概念的定义或"处理方式"上达成了一致。正如雅克·拉康指出的那样，也许没有任何其他基本概念能呈现出如此清晰的关于视角、相邻相关概念及其歧义性的多样[1]。时至今日，情况依然如此。

移情质疑着分析工作者，质疑着他们如何理解治疗目的和方向，同时也质疑着他们对弗洛伊德理论中某一些概念的理解体会。每个精神分析工作者都有自己个人的方法，通过可能是情感、重复、阻抗、认同、反移情、创造性等不同的方面来把握移情。因此，移情不是只有唯一的一种理论，而是具有多重理论。这导致了临床实践者要有自己的解读，每个实践者都要

---

1 Jacques Lacan, *Le Séminaire*, livre VIII, *Le Transfert* (1960-1961), Paris, Seuil, 1991, p. 12.

为弗洛伊德精神分析大厦的构建做出贡献。移情涉及每个分析家的欲望。物理学家在处理物理问题时，人们不会就他的欲望问题进行提问，而精神分析工作者与某个病人处于治疗过程当中时，他必须了解一些自己的无意识欲望。弗洛伊德的精神分析本身仍然停留在对弗洛伊德欲望的依赖当中。正是这种欲望引导着我在后文中对移情的讨论：移情的基础是什么，使移情处于张力当中的是什么，或者用弗洛伊德理论中的一个基本术语来说，要讨论是什么将移情置于精神的强制力（Zwang）之下，推动联想链铰合在一起。

移情始于相遇。弗洛伊德和他的病人们之间的相遇。这些病人大都是女性，她们被我称为"精神分析的女性承载者"。她们出现了一些功能丧失的癔症症状，跟谜一样，然而这些症状都不在当时医学认知的范围内，因为它们没有表现出任何器质性病变，这些症状在当时被认为是模仿。

弗洛伊德曾是一名医生，但当他走上对癔症患者进行"精神分析"治疗的道路时，他就与医学立场彻底地决裂了。他在 1909 年所做的声明对于理解这一崭新的学科而言是根本性的："对我来说，首先是一个这样的问题：从病人那里了解一些我们不知道、他自己也不知道的东西。"[1]他并没有断定自己知道，但他假设了在19世纪医学舞台上具有惊人表现的癔症症状内含着一种知识。对于这个年轻的临床医生来说，这些身体事件（癔症症状）有他无法理解的含义。这些身体事件是用一种未知的语言铭刻在身体上的，必须加以破译，就像商博良[2]破译象形文字一样，弗洛伊德并不惮于破译这种未知语言。

弗洛伊德移情理论的基础

我们可以根据弗洛伊德的观点，对移情提出一个形象化的描述，它建立在一个强大有效的三角之上，因为这个三角，精神分析具有了稳定性：不知的知识、对心理决定论的信仰，以及精神世界中联想强制力的假设。

---

1 Sigmund Freud, *De la psychanalyse* (1909), OCF.P X, Paris, Puf, 1993, p. 19.
2 商博良（Jean F. Champolion，1790—1832），法国历史学家、语言学家，发现了破译古埃及象形文字的方法。译注。

不知的知识

移情之初，存在一个对知识的假设：一个被设定为分析家的人对病人拥有的知识，即病人自己假设分析家拥有解决其症状的知识。症状被弗洛伊德描述为"谜一样的"，症状的意义逃离了建构症状的当事人。拉康重拾这个知识的假设，并将其置于移情的源头。他强调，除非引入"假设知道的主体"（le sujet supposé savoir），否则"移情就是不可思考的"[1]。几年后，他又补充道："如果我们不引入假设知道的主体，移情就仍然不清楚。"[2]不过，拉康说，他之所以宣扬这一表达是为了"唤醒[他的]世界"[3]。这是关于无意识的知识，它要求我们思考的主体不是个人的或意识的主体，而是在语言的大他者（Autre）位置上出现的主体，是大他者在其诞生之前建构了他。这句话完美地表达了这一点："这个为自己所不知的

1　Jacques Lacan, *Le Séminaire*, livre XI, *Les Quatre Concepts fondamentaux de la psychanalyse* (1964), Paris, Seuil, 1973, p. 282.

2　Jacques Lacan, *Le Séminaire*, livre XV, *L'Acte psychanalytique* (1967-1968), séance du 21 février 1968, inédit.

3　Jacques Lacan, *Télévision*, Paris, Seuil, 1974, p. 49.

知识［……］隐含谜影，本身就是名副其实的词语矛盾（contradictio in adjecto），（这个不知的知识）就是作为无意识的主体。"[1]

精神分析是一种言说（辞说）的经验。通过话语的实践，一种存在于语言中的知识被揭示。这一知识不为人所知，但又可以让人知晓一些东西。一种来自大他者的知识，大他者是话语得以展开的地点，而它也可以被不同的形象具象化。自精神分析发端，大他者就被作为主体说话朝向的地点。这意味着，移情，并非二者的，而是三者的。当人们即将滑向二元的沼泽之时，我们要记得治疗中的这个三元之地是多么有用。

这正是我们将会在弗洛伊德的"鼠人"中发现的东西。但是，为了让这种启示发挥作用，我们必须发明一种不同于日常交流的对话方式，让那些看似无关紧要的或不相协调的东西自由地流淌出来。对那些通常被日常观察所忽视的东西，对那些被认为没有价值而不去注意的东西，对所有被弗洛伊德称为"现象世

---

1 Jacques Lacan, *Le Séminaire*, livre XVI, *D'un Autre à l'autre* (1968-1969), Paris, Seuil, 2006, p. 55.

界的垃圾"[1]的东西，精神分析家都很感兴趣。

一位名叫艾米·冯·N（范妮·莫泽男爵夫人）的病人的案例在《癔症研究》中有所阐述，她向弗洛伊德展示了古希腊意义上的"方法"，μέθοδος，即methodos，意思是为获取未知知识的"路径研究"。虽然她和后来其他的病人一样，看起来是自愿接受了弗洛伊德所设立的"尽量说出来"[2]的规矩，但是她迫使弗洛伊德保持沉默，这样她的话语才按照她自己的节奏展开，而不是去迎合弗洛伊德的催促。通过推开他——"别动！""什么都别说！""别碰我！"[3]，她告诉他，让她说自己想说的话。她保护了自己，不受治疗师的干涉和专制态度的影响：治疗师误解了在移情中朝向他的话语，还强迫病人去回忆痛苦的起源。通过这种方式，她强制治疗师把受问题煽动而导致的火情压制下来，开辟新的路径：悬置注意力，让自己无意间突然发现。自由联想技术由此诞生。

1 Sigmund Freud, *Introduction à la psychanalyse* (1915-1917), Paris, Payot, 1962, p. 16.
2 pousse-au-dire 意为尽量说出来，被推动着说，被逼着说，勉强地说出来。译注。
3 Sigmund Freud, *Études sur l'hystérie* (1893-1895), Paris, Puf, 1956, p. 72.

多年后，弗洛伊德汲取了这位女病人的指令经验，将其应用于制定精神分析临床基本规则。1907 年他告诉"鼠人"，这是他们的治疗方法所要遵守的唯一规则。

心理决定论的信仰

选择精神分析意味着赞同心理决定论。弗洛伊德在《日常生活的心理病理学》中用一句话概括了这种信仰："我相信［glaube］外部［现实］的偶然，但我不相信内部［心理］的偶然。"[1] 在我们言说的东西当中是没有偶然的。我们的所作所为，远不是随意无知的结果，而是由我们称为无意识的东西决定的。

这一主张确认了所有的精神产物都能在其必然的链条中找到原因，也回应了精神有着祛除现象不确定性的需要。在前苏格拉底哲学中，我们可以在大约公元前 400 年的留基伯（Leucippus）的残篇二中找到这一论断："没有任何事情是偶然发生的，所有事情

---

1 Sigmund Freud, *Psychopathologie de la vie quotidienne* (1901), Paris, Payot, 1967, p. 276.

的发生都有其原因及必然性。"[1] 在现代，尤其是在19世纪，这成为科学的假设。克劳德·贝尔纳（Claude Bernard）在他的《实验医学研究导论》（*Introduction à l'étude de la médecine expérimentale*，1865年）中提出了科学医学的道路："相信科学就是相信决定论。"

弗洛伊德深受其老师们的哲学和科学思想的影响。这种科学的语境支撑着他的雄心，让他试图找到心理病理学的精确形式。《日常生活的心理病理学》中的一段话就非常清楚地说明了这一点。无论是在事件的因果关系上，还是在所使用的方法上，他都热衷于与迷信者保持距离："我在内部寻找的动机，迷信者却试图把它投射到外部。迷信者把事件解释为偶然，而我则将其引导至思想。"[2]

心理决定论是一种计算，是发现联系，是对偶然性和不可估量性的限定，是一种不带意图的法则。正如弗洛伊德假设的那样，在这种法则中，要被承认的东西是由无意识决定的。拉康用一句话完美概括了语

---

1 Cité par Geoffrey E.R. Lloyd, in *Magie, raison et expérience*, Paris, Flammarion, 1990, p. 47.

2 Sigmund Freud, *Psychopathologie de la vie quotidienne*, p. 276.

言中不存在偶然性："您的所作所为，远不是无知的结果，它总是被某种知道所决定，被某种我们称之为无意识的东西所决定。让您这样做的东西知道您是什么，它知道您（Vous）。"[1]

必须明白这一点：病人来找分析工作者咨询，仅仅遭受着可能摧毁其生活的症状是不够的，他还必须对话语有信仰，相信可能在疯癫中找到意义，正是这意义逃离了他，并且将其作为主体分裂开来。分析工作者也可能会遇到不相信甚至完全不相信话语有效性的人，这些人在治疗过程中，会被引导着接触这个欲望的游戏，并开始了解自己至今未知的历史。正是分析工作者的欲望会带来这种逆转的发生、对话语的信心，并在治疗中产生正向的移情。

联想的强制力

"*Zwang*"最近才被译为"强制力"（contrainte）。在很长一段时间里，"*Zwang*"被翻译为"强迫"（compulsion），缺点是它与"*Zwangsneurosis*"（强

1　Jacques Lacan, *Le Séminaire*, livre XXI, *Les Non-Dupes errent* (1973-1974), séance du 11 décembre 1973, inédit.

迫性神经症）的翻译一样，这会导致混淆。

对弗洛伊德来说，"强制力"的概念并不能缩减为一种疾病分类学上的定位。从《精神分析大纲》到《可结束的分析和不可结束的分析》，Zwang 都是贯穿其全部作品的共同线索。这个词不仅来自最初将移情定义为联想的强制力（Assoziationszwang）的结果，也来自对俄狄浦斯情结的发现，俄狄浦斯情结在其悲剧的力量中强加给俄狄浦斯，从 1914 年起，又在"命运的强制力"（Schicksalszwang）和"重复的强制力"（Wiederholungszwang）中强加给弗洛伊德自己。

"强制力"这个词不被人喜爱，因为它让人想起所有阻止愉悦和自由的东西。但是，真正的制约因素，我们没有将其识别出来，因为我们身处其中，这是作为人的强制因素，即，我们是作为言说的存在，是被语言所占有的。当我们谈论弗洛伊德意义上的强制力时，我们所谈论的正是这种强制力——它使主体臣服于压制他的话语的效果。

弗洛伊德不是从星星、鸟的飞行或动物的内脏器官中，而是从词语之间的联想中寻找人类命运的征兆。一旦建立了这种联想关系，信息就会变得清晰。但是，为了让关系建立起来，必须接受一种精神世界的基本机制：通过将各元素之间的联想进行联结，每个意识元素与其他意识元素之间的因果联系都是精神现象。弗洛伊德将这种基本的心理机制称为"联想的强制力"（*Assoziationszwang*）。移情就是这种强制力的结果。我们在前面强调过，弗洛伊德是将其方法建立在联想之上的，而如果我们不考虑联想的原初制约力，那么弗洛伊德意义上的移情仍然是不可理解的。

联想的强制力这一概念首次出现于 1895 年的《科学心理学大纲》（*Esquisse d'une psychologie scientifique*）中。在专门分析梦的章节中，弗洛伊德提出了一个决定性的观点："联想强制力在梦境中优势性地存在着，毫无疑问，它以主要的或原始的方式存在于所有精神生活中。当精神世界中出现两种投注时，它们似乎必须建立联系。"[1] 因此，他假设了一种机制，通过毗邻性将字母连接在一起，独立于意义，这是一种关联的自动性。

1　Sigmund Freud, « Esquisse d'une psychologie scientifique » (1895), in *Naissance de la psychanalyse*, Paris, Puf, 1956, p. 355.

移情的定义

弗洛伊德在《释梦》的第五章《梦的工作》当中重新提到了他的假设，这次他要确立移情的定义。当梦者讲述他的梦的时候，他给出了所谓的"显性"内容，它与"隐义"相对。而隐义，或者说是梦的思想，是无意识欲望的承载者，想要被承认。与在他之前的那些研究者不同，他是以潜在的隐义思想而非显性内容为基础，来寻求"梦之谜"的解决方案的。在他看来，显性内容是梦思的另一种表达方式，这是两种不同语言之间的转换（*Übertragung*）。他指出，显性内容是以象形文字[1]的形式呈现的，其符号（signes）必须被重新转录（*übertragen*）到梦思的语言中，这是一种未知的、隐私的和秘密的语言。

弗洛伊德提醒我们，必须理解无意识欲望的重要性，并求助于神经症的心理学。事实上，我们可以理解，"无意识表象本身并不能渗透到前意识当

---

1 Sigmund Freud, « Lettres à Wilhelm Fliess » (1887-1902), in *Naissance de la psychanalyse,* op. cit., lettre du 6 août 1899, p. 259. 弗洛伊德曾把他的著作命名为《梦的埃及之书》。

中，它只有在与某个已存在的不重要的表象结成联盟（*Verbindung*）的情况下，才能在前意识中发挥作用，并将其强度移情到该表象上，来掩护它自己"[1]。他说，这就是"移情现象（*die Tatsache der Übertragung*），它解释了许多神经症患者的惊人事实"[2]。他确认："对神经症患者进行精神分析让我相信，这些无意识的欲望总是很活跃，总是随时准备表达自己，当它们能够与来自意识的刺激结盟，它们就把数量上过多的强度移情到意识当中。"[3]他在脚注中确认，这些欲望"与所有真正无意识的心理活动一样，具有坚不可摧的特性，即它们完全属于无意识系统的活动［……］，而来自意识和前意识的其他现象则是可摧毁的"[4]。他在关于梦的著作的结论中再次肯定了无意识欲望的不可破坏性。

很明确的一点是，以话语为载体的无意识欲望不能被直接翻译。欲望是被禁止的。弗洛伊德说，

1　Sigmund Freud, *L'Interprétation des rêves* (1900), Paris, Puf, 1967, p. 479.

2　同前。

3　同前，p. 470。

4　同前，p. 470, note 1。

被压抑的表象产生了"移情的需要"（*Bedürfnis zur Übertragung*）。正是联系、联盟（*Verbindung*）的强制力推动了这些被压抑的表象去投注白天生活中细枝末节的词的痕迹，这些痕迹是没有联想的空洞形式，没有投注，尤其没有任何特定的意义；但是在新的组织中，为了绕过审查，它们被再次使用。

这些就是移情的路径，作为无意识表象转录在新的联想链中得以表现，新的联想链支撑了移情。正是这种双重登录的现象，或者说正是一种辞说与另一种辞说的关系，建构了分析发现的基本元素。弗洛伊德的发现让移情成为支撑无意识的原发过程的诸种模式之一，同时也让移情成为一种欲望运动的移置方式，而欲望时时刻刻都试图以迂回的方式寻求承认。

在这个时期，对弗洛伊德来说，移情还不是一个普遍性的独立概念，他也还没有认识到移情有这样的作用：在分析来访者与分析工作者相遇的动力过程中，对治疗进行结构化。他将其分割成多个移情的单元，每个移情都被当作无意识中的位移、凝缩和移置运动的过程。我们已经说过，他在著作中始终保留着他最初发现的这个定义。这一发现让弗洛伊德相信，不能把病人的联想只当作病人个人的考虑，也不能把这些联想归因于偶然。

拉康从语言的范畴出发重提移情的定义，他将其定义为符号性的移情（le transfert symbolique）。早在1951年，他就在《弗洛伊德技术文献》中强调："每当一个人以真实而完整的方式与另一个人说话时，从字面意义上讲，就存在着移情，即符号性的移情——发生了某种东西改变了在场两个人存在的性质。"[1]或者这样说，"从本质上讲，有效的移情只是话语的行动"[2]。

虽然联想强制力的概念将移情定位为一种与语言及话语结构的强制力密切相关的现象，但也并不意味着移情要被简约为这唯一的符号层面。我们还需要从想象的维度来理解它，"完全沉溺在移情之中"（移情淹没了此人），从这一常见说法中就可见一斑。在与分析工作者的相遇中，来访者生动鲜活的指控标志着：来访者将对过去亲近之人的或柔情或敌意的情感进行了现实化。弗洛伊德对他女儿说过一个移情的定义，就是一个很好的例子："移情是一种技术性的表

---

1 Jacques Lacan, *Le Séminaire*, livre I, *Les Écrits techniques de Freud* (1953-1954), Paris, Seuil, 1975, p. 127.
2 同前。

达，指的是病人将其潜在的温柔或敌对的情感转移给医生。"[1]

移情的诸种效应与自我的自恋维度相关，往往具有可见的部分，即情感的、身体表现的、心理体验的和感觉的可见部分，比如悲伤、无聊、忧郁、羞耻、罪恶感、愤怒……这些效应也表现在人类的激情中——这些激情并不像我们想象的那样只有爱和恨两种，而是三种，因为弗洛伊德加上了依赖；在病人对分析工作者的挑战或者服从中，弗洛伊德标定出了这种依赖的表现形式。精神分析工作者绝不可能对情感视而不见，不可能冷酷无情，更不可能把自己的声音滞留在强迫性的沉默中。人为地制造冷漠是不恰当的，人们从来没发现弗洛伊德这样做过。但如果只局限于移情的情感方面，就会忽略治疗中的欲望和幻想的坐标，即产生移情的原因。弗洛伊德认为，我们不能依赖情感，情感在本质上是流动的、不稳定的，因为它本质上与一个表象相关联，但不是它意识里通过"错误联姻"（mésalliance）而依附的那个表象。为了

---

1 Sigmund Freud, *Correspondance (1873-1939)*, Paris, Gallimard, 1966, lettre du 1er août 1915, p. 337.

弄清情感与什么有关，弗洛伊德从无意识的语言结构出发，把话语当作工具，对它进行了考察。

自由联想的方法

按照特定的时间顺序将联想连接起来，这就意味着自由联想。事实上，弗洛伊德会指出，自由联想并不是真正自由的，因为 "*Einfälle*"[1] 是由无意识材料决定的。*Einfall* 一词在法语中被翻译为 "偶然观念"（idée incidente），源自拉丁语 incidere，它意为 "落入、突然来到"。从字面上看，它指的是出乎意料、脱离语境的东西。*Einfall* 表达了掉落的观念。弗洛伊德将 *einfall* 描述为以一种看似孤立的方式突然闯入意图性言说中的非自主思想。他很早就使用了这个词。在《精神分析的方法》（1904 年）一书中，他就解释说，只有邀请病人 "放开自己"，就像闲聊一样，方能安置 "偶然"（*Einfälle*）。

1　德语中 "Einfälle" 是 "Einfall" 主格的复数形式。中文译为 "偶然观念" 或 "偶发观念"。译注。

1909 年，他在美国做的第三个演讲中，使用"偶然观念"一词多达二十几次。他回忆说，在放弃催眠后，他鼓励病人说出想到的东西，并向他们保证，出现的"偶然观念"不可能是任意的，而是与被压抑的情结有关。与这个压抑情结相匹配，偶然观念就像一种替代形式，一种间接辞说的形象化。因此，"从这个突发观念中去猜测（erraten）与寻找隐藏的元素"[1]成为可能。这种暗喻形式在隐藏的同时有可能说出一些东西，对分析家来说，这些东西构成了一种矿石，他可以从中提取"它本身包含着的贵重金属"[2]。分析工作者要做的就是更进一步，从这一影射中"猜测"患者对他自己隐藏了什么。

在移情的语境中，偶然观念也有它的位置，它是移情的必然结果。在《移情的动力学》（1912 年）中，弗洛伊德指出，偶然观念就是移情的迹象（indice）：每当分析接近病理学的核心时，就能感觉到阻抗，而"最接近的联想观念"（nächsten Einfall）作为阻抗

1　Sigmund Freud, *De la psychanalyse*, OCF.P X, p. 27. 我们还可以在更晚一些的一篇文本《精神分析的小纲要》（*Petit abrégé de psychanalyse*，1924）中找到同样的表达。
2　同前，p. 29。

与投注工作之间的妥协，会留下自己的痕迹："经验表明，这就是移情冒起的地点。"[1] 例如，当"最接近的联想观念"集中在分析家本人身上时，移情就会通过联想的停止、无意识的封闭，以阻抗分析的形式表现出来。因此，我们有理由认为，移情必须是在看起来矛盾的两种表现形式的统一性中加以把握：作为无意识发生作用的优先时刻，它为分析的可能性提供了条件，同时它也可以是一个阻抗因素，是无意识的封闭和治疗的障碍。

猜出（*erraten*）移情

所有的一切开始于涉及移情的一小段话，十五年以来我无数次读到过它，却从未多加留意，直到某个时刻，它让我大吃一惊：

释梦、从病人的联想中提取无意识观

---

1 Sigmund Freud, « La dynamique du transfert » (1912), in *La Technique psychanalytique*, Paris, Puf, 1970, p. 55.

念和记忆以及其他的翻译程序都很容易掌
握；病人自己总会提供文本。而移情则需
要在没有病人协助的情况下，根据一些细
微的迹象来**猜测**，不能随意地捕风捉影。[1]

移情必须被猜出。如同一个神谕，维也纳的神谕，
这个表达保持着神秘，既明朗又晦涩。它是一种半说
（mi-dire）的真相，不能在字里行间被全部说出。
我们将试着追踪它的痕迹。

我首先要做的是在弗洛伊德构想它的语境下重新
把握它，这个语境即对他的病人杜拉的治疗。杜拉是
《五种精神分析》中处理的五个个案之一。正是在这
次治疗中，他第一次认识到自己参与了移情，并动摇
了自己最初在《癔症研究》中提出的观点，根据这个
观点，移情作用是分析的最大技术障碍，而现在他把
移情作用当作"最有力的辅助手段"纳入治疗。与一
些短命的理论相反，这是一个真正的理论突破，因为
二十多年后，根据分析中的工作经历，弗洛伊德发表

1　Sigmund Freud, « Fragment d'une analyse d'hystérie
(Dora) », in *Cinq Psychanalyses*, p. 87. 黑体字是作者的强调。

的著作对精神分析做了重大修正，但是这一观点仍然被弗洛伊德坚持，并被确认为有效。在 1923 年的一份补充说明中，他将自己后来所有关于移情的写作都与杜拉的个案联系起来，并且再次强调了这种猜测（erraten）："移情，注定是精神分析的最大障碍，但如果我们每次都能成功地猜测到它，并将它的含义翻译给病人，它就会成为精神分析最有力的助手。"[1] 在承认自己未能发现杜拉的"嗜女性"的同性恋（gynécophilie）之后，他接着说："我没能猜到……""我本应猜到……""我本应把这个谜作为我的起点。"[2]

弗洛伊德理论中这一出人意料的跳跃，表面上削弱了分析技术，但是，它激起了我们的好奇，因此需要对其进行全面的审视，看看这个 erraten 究竟是一个只在某些场合出现的词、一个特例，还是被弗洛伊德赋予了一种恒常的使用方式。这个探索并没有让人失望：通过对 erraten 的追溯，我在杜拉个案之外，又在弗洛伊德作品中的许多十字路口上找到了它。在我看来，对这个词的频繁使用是一个迹象，表明了他

1　同前，p. 88。弗洛伊德在 1923 年添加的句子。
2　同前，p. 90。

在理论上最大胆的进步。直截了当地说，这是他向自己提出挑战的标志，实际上弗洛伊德也从未停止过接受挑战，直到生命的最后一刻。

因此，我们现在面对的是作为应用对象的弗洛伊德理论中的规则本身。被证实的是，这个 *erraten* 不可能像变魔术那样被消失，不能把它从弗洛伊德的习惯用语中删去，不能以它令人尴尬、只能引起注释者的谨慎和沉默为借口而回避它。

既然弗洛伊德从未使用过"解释移情"（interpréter le transfert）这一说法，为什么他之后的分析家们还要使用甚至是滥用这一说法呢？在《精神分析词汇》一书中，与杜拉个案有关的"移情"一词的词条是这样撰写的："弗洛伊德在案例总结时所加的批判性评论中，对移情**解释**的失误[1]是治疗过早中断[2]的原因。"为什么这本长期以来一直作为唯一的权威资料的书要这样撰写？下面这个简单的观点，让我们谨慎地考虑这条线索：弗洛伊德如此频繁地使用"移情"一词，并将其与"解释"或"建构"等其他术语区分开来，

1　同前。

2　Jean Laplanche et Jean-Bertrand Pontalis, *Vocabulaire de la psychanalyse*, Paris, Puf, 1967.

肯定不是偶然。"解释""建构"，这两个术语弗洛伊德很熟悉，但在涉及移情的时候他又会特意避开使用它们。我信任弗洛伊德，且相信无意识的工作。

精神分析中被给定的每一个研究对象的独特性，都要求它求助于人类智慧的各种资源，有时是看似矛盾的资源。而我确信，它们尽管互相矛盾，但这种矛盾性构成了精神分析理性所依靠的紧凑而庞大的基础，它将科学的严谨与诗意的自由融为一体。

"猜测"这个词顽固地逃离人们的视线，让我惶惑、惊讶和不安。因此，我选择了用我不熟悉的德语来捕捉它。我不懂这种语言，但我聆听它的音乐，我与这些字母游戏，这把我带到弗洛伊德以及他建构移情概念的那些早期阶段那里，并维持在一种陌生的熟悉感中。这是一段堪比分析过程的旅行，任由自己在这种语言中漂流，有停滞和封闭的时刻，也有丰产的时刻。通过 erraten（背叛、揭露）的声波振动施加在我身上的无意识强制力，带来了移情的相遇。这种振动与帮助他制作了移情理论的其他词语在声音中同频共振，其中有同样激进的 rat（手段、工具、建议），尤其还有与之直接相关的 Rätsel（谜语）。

按照弗洛伊德最初的定义，移情是由无意识工作的联想强制力产生，那么我认为，他的理论化必然也会卷入他自己的联想线中，带着他的欲望和激情，带着他有意识和无意识的决定，以及对它们的假设。我保留了一定数量的德语词，这些词与我在本书中的动机相互印证。首先，因为它们引领了我，推动着我去追随它们，而非理解其意义。事实证明，相对于自己的语言，我们更善于发现外语中的能指的元素、字母之间的不同关系及其声音的转折。最后，这种选择的主要优势在于，字母一旦摆脱了它们的意义，我们就有可能游戏它们。我们须循着这字母的链条，一步步在弗洛伊德的文本中追寻谜题及其解答的路径，同时进行"移情之爱的谜题"[1]的制作工作。

我们面对的是弗洛伊德的文本、文本的边缘、文本的不解之处及文本的缺失，这意味着每一次阅读都会产生另一个文本、一次位移，一种相对于弗洛伊德原初意义上的移情，一个地点的改变。正是在这个意义上，在大学里阅读弗洛伊德与在精神分析的实践中

---

1 Sigmund Freud, *La Question de l'analyse profane* (1926), Paris, Gallimard,1985, p. 100. 拉康重复了弗洛伊德的表述，并加以强调："移情之爱的巨大谜题"（in *Le Séminaire*, livre VIII, Le Transfert, op. cit., p. 117）。

阅读弗洛伊德是不同的，在后者那里，文本获得了其移情的价值，并通过移情来理解。

弗洛伊德联想中的移情

联姻／错误联姻 [1]

与约瑟夫·布劳伊尔一样，弗洛伊德面对的不是语言，而是行动，是表现为行动的移情，是真实的、冲动的移情，病人从催眠过程中醒来，用手臂搂住他的脖子。年轻的弗洛伊德要面对这种无法预知的情况，于是他走上了发现移情并将其理论化的道路。

弗洛伊德曾有文章《癔症的心理治疗》，对《癔症研究》做了理论评论。在文中，他将这种情感表现进行了理论化："通过联想的强制力，在这种错误联姻（mésalliance）中，病人当下的欲望与我本人联系

---

1 "联姻"的法文是"alliance"，此词也可以翻译成"联盟"；"错误联姻"的法文是"mésalliance"，因此，我们能注意到在法语中"联盟"与"联姻"是同一个词"alliance"，中文翻译为了便于理解会根据上下文灵活使用"联盟"或者"联姻"。译注。

在一起了，我本人在那时看来已成为病人的最重要参照。"[1]他补充道："——我将'错误联姻'命名为'虚假的联结'（falsche Verknüpfung）。"[2]最后，他总结道："从我知道这一点开始，我在每次参与治疗时，都假设了一种移情和虚假联结的存在。"[3]

因此，这个起源于法语的词（mesalliance），去掉了重音符号，开始在维也纳使用了。它就像一个"偶发观念"（Einfall），出乎意料地掉入了"癔症心理治疗"语境的严谨描述中。有意义的地方在于，它迫使弗洛伊德使用了一系列等同的词语：移情和虚假联结。提起"错误联姻"一词，就不得不让人想起结婚（Heirat）。弗洛伊德认为，在移情之爱当中，一方是上当受骗的人，另一方则不是；同样，在"错误联姻"中，订婚双方的地位也是不对等的。在"结婚"的"结"这一表述中，"纽结"具有隐喻的价值。当错误联姻出现，就引入了异质性，不同价值的因素从

1　Sigmund Freud, « Psychothérapie de l'hystérie », in *Études sur l'hystérie*, p. 245.

2　"Verknüpfung"在日耳曼语当中就是"联想"的意思。

3　Sigmund Freud, « Psychothérapie de l'hystérie », in *Études sur l'hystérie*, p. 245.

而开始起作用。

"移情""结盟""虚假联结""错误联姻"都是弗洛伊德在治疗的动力学中使用的词语。它们描述了一个与过去表象相割裂的欲望对当下进行的侵扰。当涉及治疗过程中出现的一些激情的情感表现时，弗洛伊德也使用了同样的词语。这些不合时宜的移情表达从未停止让他"惊讶"。因此我们需要确认这样一个事实：在精神层面中，存在一种联想的强制力；而在躯体症状的表现层面，产生的联想并不是恰当的联想。因为压抑，这个联想并不在自己的位置上，而是通过"虚假联结"或者"错误联姻"而有的联想。这种联系是虚假的，因为它没有反映出因果关系的真相。对虚假联系的揭示，让弗洛伊德在分析实践的艰难时刻避免陷入二元对立的境地，并通过重新整理"精神领域"中爱或恨的不同的移情表现，在符号范畴中联想缺失的地方，再次产生联想关系。这一联想的缺失是非常危险的。因此，需要产生联想的联系，以弥补致命的断裂。

对于病人的拥抱，这个时期弗洛伊德的态度与他某些学生截然不同。他坚信，这种情感表现绝不可能是出于他的魅力："我头脑保持了足够的冷静，没有把这种偶然归因于不可抗拒的个人魅力。"[1] 在他的文章《对移情之爱的观察》中，他简明扼要地表达了医生要对反移情（*Gegenübertragung*）保持警惕，因此他"没有丝毫理由为这种在分析之外被称为'征服'的东西感到骄傲"[2]。如果他从这种柔情表现中获得了自恋的满足，或者他对其做出了回应，他就不会发现移情和精神分析。他采取了一种"倾斜的"立场——他借用了德尔斐的阿波罗神的昵称，即"Loxias"（倾斜）——打开了对移情的辨识，通过把分析工作者拉下理想的王座，使无意识欲望运动起来，分析工作者成了联想链中的一个环节，其功能就像是白日残余。

当他的弟子们成了精神分析工作者，要面对这种爱的时候，弗洛伊德提醒他们时刻注意这样一条规则：在你被爱的地方，不要忘记欲望是由你自己决定的，要让自己作为分析家的欲望引导你，这会超越眼前的满足。59 岁时，弗洛伊德的理论已经部分完成，他不再畏惧。他没有必要站在首领的立场去惩罚他的弟

---

1 Sigmund Freud, *Sigmund Freud présenté par lui-même*, p. 47.

2 Sigmund Freud, *Remarques sur l'amour de transfert* (1915), OCF.P XII, Paris, Puf, 2005, p. 200.

子们，也没必要站在道德家的立场上去谴责他们，更不需要站在博学者的立场上去菲薄他们，他明白"面对激情，我们都知道，高尚的演说之辞收效甚微"[1]。他也意识到肉体是脆弱的，犯错是人之常情。他将为自己的分析家的位置负责。对他来说，这是一场分析工作者必须与自己及自己内在的魔鬼进行的战斗。这是一场"三重的战斗"，以对抗"让临床工作者从分析层面跌落"[2]的东西。拉康指出，"人们爱着被假设拥有知识的人"[3]。移情是一种力比多表现，但爱之所爱正是他人的欲望。在有欲望的地方，唤起欲望的缺失之处就是爱呼喊的地方。分析工作者可以体验到他对病人的情感，条件是他把这些情感置于适当的位置，而非以之为享乐。弗洛伊德在他实践的一开始所采取的立场就向我们表明了这一点。

当卡尔·G.荣格（Carl G. Jung）陷入对他的病人萨宾娜·斯皮尔林（Sabina Spielrein）的爱而无

1　同前，p. 152。

2　同前，p. 211。

3　Jacques Lacan, *Le Séminaire*, livre XX, *Encore* (1972-1973), Paris, Seuil, 1975, p. 64.

法自拔时，弗洛伊德敦促他"要控制自己的反移情"[1]。那个时候，弗洛伊德所说的反移情概念，实际上是指要避免"爱的回报"（*Gegenliebe*）。这是他笔下第一次出现"反移情"这个词。在纽伦堡大会（1910年3月30日和31日）上，他在题为《关于分析治疗的未来》的演讲中再次使用了这个词，他强调，分析工作者需要通过个人分析来掌握自己的无意识情感和反移情。

对弗洛伊德的攻击之一就是他无法忍受负面性质的移情（transfert négatif）。事实上，他不只是经历了负面性质的移情，还用它来证明其移情理论的正确性。为了引入这一理论，他强调了情感具有易变的特性：

> 好天气不可能永远持续下去。总有扫兴的一天……与温情一样，敌意情感也是依恋情感的一种迹象，就像蔑视和服从，尽管它们有着相反的表现，它们表达的都

1　Sigmund Freud, Carl G. Jung, *Correspondance I (1906-1909)*, lettre du 7 juin 1909, Paris, Gallimard, 1975, p. 309.

是依赖。毋庸置疑，对医生的敌意同样值
得被称为"移情"，而承认负面性质的移
情的必要性也证明了我们对正面性质的移
情或温情的判断没有错。[1]

他不仅是这样认识的，在治疗中也是这样做的。
"鼠人"个案证明了这一点，他在其他的个案中也坚
持了这一点。

对英国精神分析工作者兼翻译家琼·里维埃[2]的
治疗就是一个极具说服力的例子。在厄内斯特·琼斯
（Ernest Jones）的要求下，弗洛伊德同意对琼·里
维埃进行第二次分析。因为琼斯犯了一个错误，他无

---

1 Sigmund Freud, *Introduction à la psychanalyse,* p. 420-
421.

2 琼·里维埃（Joan Riviere，1883—1962），英国精神分析
家、翻译家。从 1916 年开始她在厄内斯特·琼斯处做分析。琼斯
对这段工作中的移情处理得不够敏感，导致分析失败，只能将她推
荐给弗洛伊德。1922 年，她在维也纳接受了弗洛伊德的二次分析。
这段分析时间不长，但是更为深刻和成功。返回英国后，她成为英
国精神分析协会的成员。1930 年，她成为训练精神分析家，其众
多的分析来访者包括鲍尔比（John Bowlby）、伊萨克（Susan
Isaacs）和温尼科特（Donald Winnicott）等。在儿童精神分析
方面，她把克莱茵与弗洛伊德的思想结合起来；她提出的"面具理
论"对后来的女性主义、女性的精神分析事业有很大影响。译注。

法控制移情，因为病人"强烈的性格反应"让他无法忍受。他在给弗洛伊德的信中写道："这是我经历过的最糟糕的失败。"[1] 他承认自己犯了一个错误，把自己的乡间别墅借给了她，在她看来这等同于"一个爱的宣言"。从那时起，她就"无情地折磨他"。最后，"由于我无法控制这种负面性质的移情，尽管我用尽了一切办法，治疗还是无果而终"[2]。弗洛伊德也未能幸免于这个女人的攻击，但他说自己的原则是绝对不朝她发火，并认为这次分析非常有价值。在1922年6月4日的这封特别有启发性的信中，他首先告诉琼斯，"像这样的'二次'分析并不是一件轻松愉快的工作"。接着，他描述了病人所经历的心理冲突类型，并坚定地告诉琼斯，他所要做的就是履行"分析工作者的职责"，解释他所谓的病人坏脾气背后的一系列无意识动机。

---

1 Sigmund Freud, Ernest Jones, *Correspondance complète (1908-1939)*, Paris, Puf, 1998, lettre du 22 janvier 1922, p. 534.
2 同前。

联姻之树

一篇令人惊讶的文章让我们更加熟悉了弗洛伊德的"偶发观念"（*Einfälle*），即他所谓的联想，也更加熟悉了语言的强制力的效果。《关于癔症的病因学》[1]发表于1896年春。这篇文章源于弗洛伊德为维也纳精神病学和神经病学协会做的一次演讲，这次演讲受到了一贯的冷遇，理查德·冯·克拉夫特−艾宾（Richard von Krafft-Ebing）甚至将其称为"科学的童话"。为了阐明从癔症症状到病因的道路，弗洛伊德质询病人过去某些事件的创伤价值。在举了两个个人经历的例子后，他给出了一个链条的拓扑学式的表达。链条总是由两个以上的环节组成，它们不是像珍珠串成项链的序列，而是"像谱系树一样的连贯分支的集合"。他还解释说，这甚至可以是"一个其成员也互相通婚的家庭"的谱系[2]。

目前，这种联想链的形式陷入了婚姻和谱系分支的想象之中，这让我们能够理解上文引述的《癔病研究》的理论评论，弗洛伊德在其中将适用于治疗师的

---

1 Sigmund Freud, *Sur l'étiologie de l'hystérie* (1896), OCF. P III, Paris, Puf, 1989, p. 152.

2 同前，p. 155。

联想强制力中的移情机制理论转化为"虚假联结"和"错误联姻"。我们刚才谈到的家谱就是这种联想强制力所编织的结盟和"错误联姻"的完美诠释。什么是一个谱系树？难道不是家谱中的地名和人名将人类的命运联系在一起，谱系不正是这些联盟的代表吗？

"联盟"源于动词"allier"，来自拉丁语 alligare，它源于 ligare，即"捆绑"。这让我们回到"强制力"的拉丁语词源：constringere，即"捆绑在一起，锁住"。在这种情况下，"强制"不仅是障碍，也是承诺所指向的所有义务，包括拉康在对《鼠人》的解读中提出的"联盟契约"（loi de l'alliance）下的义务：

> 值得深思的是，话语不仅通过象征符号性的假设构成主体的存在，而且通过契约，让人类秩序有别于自然，话语从出生前开始就不仅决定了主体的地位，而且也决定了主体的生物载体进入这个世界。[1]

1　Jacques Lacan, « Variantes de la cure-type » (1955), in *Écrits*, Paris, Seuil, 1966, p. 354.

从联姻（盟）到联系（这一联系将人们联结在一起），我们只需参照《圣经》就能前进一步。希伯来文版本的亲子关系是西方亲属关系模式的基础。它具体体现在《圣经》中父亲（亚伯拉罕）献祭儿子（以撒）的场景中，在这一仪式场景中，父亲将儿子捆扎、捆绑起来——在希伯来语"Akedah"中，捆绑也意味着家谱中的位置衔接（拉丁文《圣经》里是"alligare"）。儿子被捆绑后又被解开，这一行为不能归结为父亲的意志或善意。在这段经文中，父亲首先是一个象征性的结绳操作者，以律法的名义捆绑和解开儿子[1]。这就把我们带到了《图腾与禁忌》中俄狄浦斯情结和原始父亲神话的门槛前，这让弗洛伊德突出了将欲望与法律联系在一起的"结"（拉康认为这体现了他的"天才"特质）：正是由于律法禁止以母亲为对象的享乐（jouir），律法才强加了对母亲的欲望，从而将命令引入欲望的结构中。

1　Pierre Legendre, *Le Crime du caporal Lortie*. Traité sur le père, Paris, Fayard, 1989.

第二章　谜语的强制力

弗洛伊德与俄狄浦斯——解谜者

在提出联想的强制力理论不久之后，弗洛伊德从索福克勒斯的悲剧《俄狄浦斯王》主人公的命运中发现了人类境遇的范例——那是拉布达契家族的独特故事。他写道："希腊神话捕捉到了一种所有人都承认的强制力（*Zwang*），因为每个人都感受到了它。"[1]俄狄浦斯施加在弗洛伊德身上的强制力与 *Zwang* 理论所揭示的并不一致。为了将其纳入分析的框架，他不再借用科学的概念，而是转向求助于真理的文学模型。

---

1 Sigmund Freud, « Lettres à Wilhelm Fliess », in *Naissance de la psychanalyse,* lettre du 15 octobre 1897, p. 198.

在这一模型中，意义的产生源于谜题和乱伦婚姻的解决：索福克勒斯的悲剧，以及作为对俄狄浦斯情结结构的补充，即他在《图腾与禁忌》中创造的神话。

弗洛伊德开拓思路是全方位进行的：他的无意识和病人的无意识、神话和民俗传统、逻各斯（logos）以及他对科学的渴望。与狮身人面像一样，弗洛伊德的建构也是一个复合形象。从人类的悲剧中提取概念，除了这种路径，还有其他方法吗？这就是弗洛伊德转向神话的原因。当某个神话创建了一个前所未有的叙事，当这个神话创建了一个人类之间的联系，即如何发源的基本模式时，它就弥补了逻各斯和理性所无法解决的问题。这就是为什么他选择神话的叙事结构来阐明对谋杀和乱伦的禁止。通过对父亲的谋杀——儿子们对享受所有女人的原父的谋杀——确立了对这种享乐的禁止，并把父亲作为一个参照和姓氏（Nom）[1]。

1897 年底，也就是弗洛伊德的父亲去世差不多一年后（他父亲是 1896 年 10 月 23 日去世的），弗

1　在这里，可以看到作者使用的双关，法语"姓氏"（nom）和"不"（non）的发音是一样的，这里暗示了父姓的功能就是禁止。译注。

洛伊德系统地进行了自我分析,并与他的朋友威廉·弗利斯(Wilhelm Fliess)分享了一个决定性的发现:"我不再相信我的神经症理论(neurotica)"[1],也就是不再相信被父亲诱惑的理论。在此之前他一直采用这一理论来考察他遇到的癔症个案的成因。正是在这一点上,他部分地放弃了"宣泄"疗法或"由父亲的倒错而带来的创伤回忆"的治疗方法,取而代之的是通过穿越病人的幻想来构建欲望的历史。后来,他在 1920 年为《性学三论》的增注中指出,承认俄狄浦斯情结已经成为"精神分析支持者区别于反对者的标志(schibboleth)"[2]。Schibboleth 在希伯来语中本来是玉米穗的意思,它因《圣经》中的一段话(《士师记》第十二章第 6 节)而闻名。在这段话中,我们知道了基列人通过让其敌人法莲人说这个词而揭穿其伪装,因为他们的口音会扭曲该词的发音。因此,这个词获得了口令的意义,是一个族群相互辨认的秘密标志。

1　同前,lettre du 21 septembre 1897, p. 190。

2　Sigmund Freud, *Trois Essais sur la théorie sexuelle* (1905), Paris, Gallimard, coll. « Folio Essais », 1987, note 3 ajoutée en 1920, p. 170.

那么在何种情况下《俄狄浦斯王》引起了弗洛伊德的注意？ 1897 年 10 月 15 日，在他父亲去世一周年的前几天，他写信给朋友威廉·弗利斯：

> 我想到了一个具有普遍价值的观念。我发现自己和其他人一样，对母亲充满了爱，对父亲充满了嫉妒［……］。如果情况确实如此，那么我们就能理解《俄狄浦斯王》带来的令人震惊的效果，尽管我们对那些命运不可抗拒的假设提出了种种理性的反对意见。[1]

他在自己和病人身上观察到的弑父和乱伦的恒常愿望，把他带回了希腊的俄狄浦斯王的神话当中。那时他还想到了莎士比亚的悲剧《哈姆雷特》。虽然该剧涉及的不是弑父而是弑兄，但弗洛伊德将这部作品置于莎士比亚父亲去世不久的背景之下，"［哈姆雷特］出于对母亲的激情，希望对父亲犯下同样罪行，

———————

1 Sigmund Freud, « Lettres à Wilhelm Fliess », in *Naissance de la psychanalyse,* lettre du 15 octobre 1897, p. 198.

这样的恍惚记忆折磨着他"[1]。他从哈姆雷特的话语（"良心就是这样让我们所有人都变成懦夫的"[2]）中，以及让他受苦的症状（拖延、反思和怀疑）中，确定了这种无意识重罪的影响。这位埃尔西诺尔王子[3]的幽灵父亲或许比他的另一个我（alter ego）——底比斯国王[4]更让弗洛伊德魂牵梦萦。

几天后，他征求弗利斯的意见："你还没有与我讨论关于《俄狄浦斯王》和《哈姆雷特》的解释。我尚未把它提交给其他人，因为我很容易想象到它会受到敌视。"[5]他承诺会进一步研究俄狄浦斯的神话，但不知道这项工作是否还会加入其他的作品。弗洛伊德对索福克勒斯的戏剧和神话的引用是零星的，主要见于《释梦》第五章、《精神分析引论》第十讲以及《精神分析纲要》，而且，最令人惊讶的是，他对文本进行了删减和不确定的跳跃式解读，这对他来说是不寻常的。

1　同前。

2　同前。

3　在埃尔西诺尔的城墙上，丹麦王子哈姆雷特看到父亲的幽灵。译注。

4　底比斯国王指俄狄浦斯。译注。

5　同前，lettre du 5 novembre 1897, p. 203。

希腊学家们对他进行了学术批判。从方法论的角度来看，他们是对的，因为弗洛伊德显然没有能力对文本进行细致的分析，而其假说的新颖性与大胆性也要求他进行大刀阔斧的变革。何况精神分析学家的兴趣在于：通过揭示悲剧本质这一路径，探索欲望的化身。拉康完美地强调了这一点："弗洛伊德的天才向我们揭示的是：欲望根本上是由这个叫'俄狄浦斯'的结所结构化的。"[1] 然而，既然我们要一字一句地理解弗洛伊德，那么，我注意到他在解读德尔斐神谕时出现了一个"失误"。

弗洛伊德的语误？

在索福克勒斯的悲剧《俄狄浦斯王》中，俄狄浦斯的调查越来越朝向他自己的时候，他向伊俄卡斯忒讲述了他的生平和自己求问神谕的原因（第 774 至 793 节）。那是在科林斯的一次宴会上，那时他还是

1　Jacques Lacan, *Le Séminaire*, livre IX, *L'Identification* (1961-1962), séance du 21 mars 1962, inédit.

波利比国王的儿子，被视为第一公民，一个酒鬼称他为"冒牌儿子"。他的父母义愤填膺地拒斥了这一含沙射影的说法，但这并不足以让他安心。他被这些话折磨着，对自己的身世产生了怀疑，于是决定瞒着家人去德尔斐神庙请教神谕，但神谕并没有回答他的问题。这里需要注意，至关重要的一点是：神谕本身是模棱两可的，它只是重复了之前对拉伊奥斯和伊俄卡斯忒透露的预言。现在，在《释梦》中，在弗洛伊德总结神话与悲剧的段落当中，我们读到的正是："[神谕]建议（conseil）他离开家乡，因为在那里他将会变成杀死父亲的凶手，并且成为母亲的丈夫。"[1]

在这段文字中，"建议"一词的意思是什么？俄狄浦斯故事的所有版本都一致认为，神谕在回答俄狄浦斯关于其父母身份的问题时，只是重复了对其生父母的预言——在《俄狄浦斯王》中，俄狄浦斯确定阿波罗毫无怜悯地没回答他就把他打发了。因此，弗洛伊德的文本包含了一个奇怪的滑动，这不仅是弗洛伊德意义上的错误，也让文本站不住脚了。事实上，如果神谕给出这样的建议，那么就是它故意将俄狄浦斯

---

1 Sigmund Freud, *L'Interprétation des rêves*, p. 228.

（polis）空间中在场的一种表现形式。其鼎盛时期恰好与雅典文化的鼎盛时期吻合，直到公元前5世纪末，持续了差不多一百年。这是新的公民理想兴起和罪责的法律概念发展之时，悲剧的焦点是去拷问作为谜团的人、人的矛盾和人行为的意义。人是其行为的代理吗？这些行为是人之本质的揭示者吗，抑或是命运的显现？弗洛伊德在索福克勒斯的悲剧中发现的独特和范式性的力量在于：主人公作为"了解伟大谜语"[1]的人，用他自己的话引导着探索了自己。正是通过他的话语，他才发现自己并非他所想象的存在。与其他古希腊剧作家相比，索福克勒斯更能引起弗洛伊德的兴趣，原因显而易见：一方面是他在剧作中强调的主题的性质——《俄狄浦斯王》事实上是唯一一部以母子乱伦为主题的古希腊神话；另一方面是他保持的剧作的形式结构，正是这种结构促使让-皮埃尔·弗南（Jean-Pierre Vernant）说悲剧的素材是"全面发展着的律法思想"[2]。

1　Sophocle, « Œdipe Roi », in *Les Tragiques grecs*, Paris, Gallimard, coll. « Bibliothèque la Pléiade », 1967, p. 711.

2　Jean-Pierre Vernant, Pierre Vidal-Naquet, *Mythe et tragédie en Grèce ancienne*, Paris, F. Maspero, 1982, p. 15.

悲剧源自法律辩论、修辞学和演讲竞赛，它利用了词语的多义性，词语的使用是需要语境的。所有的希腊悲剧都善于使用模糊和半说的方式来表达——亚里士多德称之为"词的模糊性"（homônumía），当然，相较于其他剧作家，索福克勒斯走得更远。在这部剧中，索福克勒斯赋予语言一种揭示人的矛盾的力量，并特别使用了双关来制造惊奇和命运的逆转。无疑，弗洛伊德应该会同意这一假设，他写道："该剧的内容完全就是一种循序渐进的非常巧妙的揭示，堪比精神分析。"[1]

弗洛伊德认为，主人公地位的彻底颠覆和神谕的实现才是命运悲剧的张力。命运并不指向盲目的偶然，而是指向在一切都完成之后才变得可以理解的意义。俄狄浦斯从此明白，他所经历的生活就是必须如此。

> 我们内心深处一定有一个声音，让
> 我们认识到命运对俄狄浦斯的强制力量
> [……] 他的命运让我们感动，因为它也
> 可以成为我们的命运。因为在我们出生时，

---

1 Sigmund Freud, *L'Interprétation des rêves*, p. 228.

神谕对我们宣布了同样的诅咒［……］通过揭示俄狄浦斯的罪过，诗人迫使我们审视自己的内心，认识到那些虽然被压抑但依然存在的冲动。[1]

这种强制性的力量剥夺了人的权力意志，使其徒劳，并分裂了主体——"宿命和神谕不过是内在必然性的物质化"[2]。因此，索福克勒斯戏剧中的"分裂"（schize）不仅仅建立在观众与演员之间，它也在俄狄浦斯的双重性中展现得淋漓尽致。俄狄浦斯是谜语的破解者，他自己也是谜语，只有当他发现自己与自己相信的截然相反时，他才会猜到这个谜的含义。这正是《俄狄浦斯王》让人震惊的命运悲剧的特质所在："我的行为，让我承受的苦比我所犯下的罪还要多［……］我在不知不觉中走到今天。"[3]俄狄浦斯在科罗诺斯这样讲述。这座城市将他束缚在致命的婚姻上，在被诅咒的结合上，而他对此一无所知，他只能

---

1 同前，p. 228—229。

2 Sigmund Freud, *Sigmund Freud présenté par lui-même*, p. 107.

3 Sophocle, « Œdipe à Colone », in *Les Tragiques grecs*, p. 900.

说：“我在不知情的情况下行事。”[1]

不知构建着主体强制力，它是分析治疗的基石。对拉康来说，正是分析来访者通过提出分析的请求证明了自己的不知，从而将精神分析与刻在德尔斐阿波罗神庙入口处的“认识你自己”这一古老箴言联系起来。拉康尽可能地接近弗洛伊德，就俄狄浦斯的命运给出了自己的版本：“尤其不要忘记，俄狄浦斯的无意识是一种基本的话语。它意味着长期以来，且一直皆是，俄狄浦斯的故事就被书写在那里，我们知道它，而俄狄浦斯却完全没有意识到它，尽管从一开始他就被这故事所摆布。”[2]他发现了另一个自己的存在，他并不是他所意识到的故事中的那个自己。

面对斯芬克斯的弗洛伊德

“谜题、谜语”在德语中是 *Rätsel*，与 *erraten*（猜

1　同前，p. 915。
2　Jacques Lacan, *Le Séminaire*, livre II, *Le Moi dans la théorie de Freud et dans la technique de la psychanalyse* (1954-1955), Paris, Seuil, 1977, p. 245.

测）同源。俄狄浦斯，这个在弗洛伊德对神经症的理解中被置于核心位置的人，我们已经看到他的命运完全集中在谜语的破解上：正是在别人失败的地方取得了成功，正是通过战胜真理的考验，这位来自科林斯的陌生人[1]才将底比斯从提问的怪物中解救出来，并得到了王位和王后伊俄卡斯试。

狮身人面——更准确的说法是斯芬克斯（Sphinge或 Sphinx），即"音乐女妖"，因为在希腊语中，Sphinx 是女性，她有着女人的头和动物的身体：狮子的身体、蛇的尾巴、鹰的翅膀。狮身人面像的谜语表述如下："什么生物早上有四只脚，中午有两只脚，晚上有三只脚？"谜底是："人"。但要了解俄狄浦斯是如何解开斯芬克斯之谜的，让-皮埃尔·弗南[2]提醒我们，这个最终答案，他既不是通过思考也不是通过推理找到的，而是通过他的名字：俄狄浦斯（希腊

1　即俄狄浦斯，他被亲生父亲下令扔掉之后，被邻国捡去，成为科林斯的王子。译注。

2　Jean-Pierre Vernant, « Ambiguïté et renversement », in *Mythe et tragédie en Grèce ancienne,* p. 113. Voir également : Marie Delcourt, *Œdipe ou la légende du conquérant*, Paris, Les Belles Lettres, 1981; Jacques Scherer, *Dramaturgies d'Œdipe*, Paris, Puf, 1987.

语 Oidipous）。希腊语中的"pous"，即"脚"，谜底就在脚上。俄狄浦斯这个词的意思就是"脚肿"的人。这是他作为被诅咒的孩子的残断之点，他被父母判处死刑，先是刺穿他的双脚将其捆绑，然后将他暴露在西塞隆山上，等着野兽吞食他。俄狄浦斯也是"oïda（oidi）"，是"知道的人"，他猜出了阴险女祭司的谜题。他是了解脚之谜题的人，通过自己的名字包括其症状的标记，他找到了谜底。弗南认为，俄狄浦斯的悲剧作为游戏内容，在他的名字中已经包含了其全部要素。拉康以他高度的睿智注意到，弗洛伊德的发现告诉我们，主体通过其症状为自己命名。弗洛伊德精通命名的艺术，他用主体的基本症状来命名其临床个案，我们后面将要研究的"杜拉"和"鼠人"个案都是这样的例子。

虽然弗洛伊德很少引用索福克勒斯戏剧中的台词，但他还是引用了剧末歌队领唱的最后诗行："看啊，这俄狄浦斯，那个猜中谜语的人。他位高权重，哪个注视他的公民不钦慕他的财富？而现在，他却陷入了多么可怕不幸的洪流中！"[1]毫无疑问，正是俄

---

1 Sigmund Freud, *L'Interprétation des rêves*, p. 229.

狄浦斯从他的荣耀和傲慢自信中跌落的惊人形象引起了人们的注意："这个警告触及我们自己，触及我们的傲慢，触及我们自童年起就觉得自己非常聪明、非常强大的信念。"[1]弗洛伊德并没有确切地指出是什么特征让他接近索福克勒斯笔下的英雄，但是他和这些英雄一样都对真理有着同样的执着：想要了解真相。弗洛伊德确切地说："分析关系建立在对真相的爱之上，也就是说，建立在对事实的承认之上，［……］它摒弃一切伪装和欺骗。"[2]

弗洛伊德在一生当中对相关的重要人物有很多认同，这一点不胜枚举，然而将索福克勒斯笔下的主人公作为他寻求真相的另一个自我（alter ego），这一身份始终占据着一个独特的位置。不仅在维也纳大学他的半身雕像底座上刻有索福克勒斯戏剧的最后几句，而且在 1906 年他 50 岁生日，他的一些弟子还向他赠送了一枚由著名雕刻家卡尔·玛利亚·施韦尔德纳（Karl Maria Schwerdtner）雕刻的奖章。奖章

1　同前。

2　Sigmund Freud, « L'Analyse avec fin et l'analyse sans fin » (1937), in *Résultats, idées, problèmes*, t. II, Paris, Puf, 1985, p. 263.

的正面刻有他的半身侧面像，背面的图案则是思索的俄狄浦斯答出了斯芬克斯的问题[1]。奖章边缘用希腊字母铭刻着合唱队领队的一句台词："他解开了谜语，成为了伟人。"让·波拉克将其翻译为"谁解开谜语，他就是世界上的最强者"[2]。几年后，弗洛伊德向厄内斯特·琼斯展示了这枚奖章，当琼斯请他翻译这首诗时，他婉言谢绝了，建议他去请教别人。琼斯以为这一回避是他谦逊和节制的表现，但他低估了这个事实，即以弗洛伊德对索福克勒斯戏剧的了解，他是无需翻译的。17岁时，不就是他写信给好友埃米尔·弗卢斯（Emil Fluss），说他在中学毕业考试中被要求翻译《俄狄浦斯王》中的三十三行诗，而他是唯一一个得到"优秀"的学生[3]吗？

此外，虽然颁发奖章时琼斯并不在场，但他得知当时发生了一件很特别的事。他把这件事据实讲出，这让我们更加理解了为什么弗洛伊德拒绝翻译合唱队

1　关于这段逸事，我们要感谢厄内斯特·琼斯在《西格蒙德·弗洛伊德的生平与著作》一书中的描述。In *La Vie et l'œuvre de Sigmund Freud*, t. II, Paris, Puf, 1961, p. 14-15.

2　Jean Bollack *La Naissance d'Œdipe*, p. 297.

3　Sigmund Freud, *Correspondance (1873-1939)*, lettre du 16 juin 1873, p. 12.

领队诗句：

> 读到题词时，弗洛伊德面色苍白，情绪激动，用哽咽的声音问是谁想出了这个主意。他表现得就像遇到了返回阳间的幽灵，而事实正是如此。是保罗·费尔登（Paul Federn）挑选的题词。弗洛伊德告诉他，他年轻时在维也纳大学读书，经常在偌大的校园里散步，注视着过去的那些著名教授的半身像。那时，他幻想有一天能看到自己的半身像，而上面的铭文正是刻在这枚奖章上的诗句。[1]

如果人们还怀疑弗洛伊德对俄狄浦斯的认同，我想提醒大家，他曾十分高兴地称自己的女儿安娜为"安提戈涅"，这个精神分析的孩子陪伴他直到他去世。

这些逸事说明了弗洛伊德对谜题和解谜的狂热爱

---

[1] Ernest Jones, *La Vie et l'œuvre de Sigmund Freud*, t. II, p. 14-15. 在这所大学的校园里，今天应该还是可以看到柯尼斯伯格（Königsberger）于 1921 年雕塑的弗洛伊德半身像，上面刻着那几行著名的索福克勒斯的诗句。

好。但是，我将其定性为解谜的强制力的东西却是远远超出了简单的对俄狄浦斯的认同，因为这位精神分析的发现者正是为了解开以各种形式展开的谜题而贡献了毕生。

1897 年，他向威廉·弗利斯宣称他在理论研究中遇到了困难，因为他又"陷入了自己神经症的深渊"[1]。一种奇异的"麻痹"攫住了他，他向朋友吐露，"有许多谜团在盯着我［……］"[2]。这表明，谜团的蛊惑和强制力异常鲜活地深深地抓住了弗洛伊德，以至于这种谜团嵌入了他的身体，让他的身体几乎变成了幻觉般的存在。直到 1932 年——弗洛伊德那时已是一位饱经风霜的老人，他才得以驯服那令人不安的诡异感。他在《梦与神秘学》一书中写道："这一切都还不确定，充满了未解之谜，但这并不是恐惧的理由。"[3]

1 Lettre à W. Fliess du 7 juillet 1897, citée et traduite par Max Schur, 同前，p. 145。

2 同前。

3 Sigmund Freud, « Rêve et occultisme », in *Nouvelle suite des leçons d'introduction à la psychanalyse* (1932-1933), OCF.P XIX, Paris, Puf, 1995, p. 138.

弗洛伊德 50 岁生日时获得的奖章（正反面）

第三章　弗洛伊德的理性

> ［……］弗洛伊德的发现，
>
> 是在荒原上重新发现了理性。[1]
>
> ——雅克·拉康

弗洛伊德将悬而未决的问题都当作待解的谜题。首先是"神经症之谜"，他对此提出了一个决定性的观点："任何一个耳聪目明的人都会发现：凡人无法隐藏任何秘密。闭嘴不说的人也会用手指喋喋不休，他的每一个毛孔都在背叛（verrät）着自己。"[2]

1　Jacques Lacan, *Le Séminaire*, livre I, *Les Écrits techniques de Freud*, p. 10.

2　Sigmund Freud, « Fragment d'une analyse d'hystérie (Dora) », in *Cinq Psychanalyses*, p. 57.

解谜的方法

一个新词"背叛"（verraten）出现在这个与移情相关的能指链的展开过程中，它既与"猜测"相关，又让"猜测"更加清晰。从"er"到"ver"的替换[1]，表明思想的猜测（Gedankenerraten）实际上不过是思想的背叛（Gedankenverraten）——我们可以说，字母v的加入具有将erraten（猜测，获取理解的手段）转化为verraten（背叛，揭示）[2]的力量。对弗洛伊德来说，这无疑是将其方法的精髓铭记到精神分析语言本身了：通过关注和接受人类背叛自身而表现出来的一切，猜测症状的隐藏面。拉康对分析治疗中"揭示

1　德语词 erraten 是猜测的意思，以 er 开头；verraten 是背叛的意思，以 ver 开头。译注。

2　Janine Altounian, L'Écriture de Freud, Paris, Puf, 2003, p. 50.

过程"[1]的表述是"主体的坦诚"[2]，这指的不是别的，正是弗洛伊德所谓的"背叛"（*verratum*）。

我们又回到了弗洛伊德提问的原点：神经症患者在负罪感的驱使下，通过自己的言语、过失行为、梦境，以背叛的方式说出自己的真相……至少，正是在这样的假设上建立起弗洛伊德的方法。猜谜是我论述的基石，除开这个已经被证明合理的论述之外，涉及到的是一整套方法。对弗洛伊德来说，"猜"不是一种解释技巧，而是一种基于语言迹象的方法，通过这些迹象，分析来访者[3]被引导着揭示（*verrät*）自身。

1930年，弗洛伊德在法兰克福歌德故居发表演讲时，他也这样定义引导着生活的唯一目标："我观

1　Jacques Lacan, « Introduction théorique aux fonctions de la psychanalyse en criminologie » (1950) in *Écrits,* p. 125. "人的现实意味着这一揭示的过程［……］没有人比精神分析家更清楚这一点，他［……］通过揭示采取行动，而揭示的真实性是其有效性的条件……"对真理的追求是正义的目标，而"主体的坦诚是正义的关键之一"。

2　Jacques Lacan, 同前，p. 127。

3　"分析来访者"（analysant）是拉康使用的术语，它替代了"被分析者"（analysé）（analysant 是 anlsyer 现在分词的形式——译注），表示这是一个正在进行的行动，也标志着提出分析请求的人也是进行分析工作的那个人。

察到健康人和病人的心理活动中最隐秘的紊乱，从这些观察到的迹象中，我想推断——如果你愿意的话，我猜测出——这些活动的装置是如何构成的，其中有哪些力量是共同作用或者是相互对抗的。"[1]即使他将猜测归因于对话者，也仅是作为一种修辞的效果，"猜测"（erraten）在弗洛伊德的著作中还是经常使用的。这完全不是一种简单的打趣。实际上，他从未停止宣称，精神分析的活动是困难甚至艰巨的。

1906 年，他在维也纳大学法医学教授洛夫勒博士（Dr. Löffler）开设的课程中发表了一个简短演讲[2]。他对自己的方法做了简洁的介绍，该演讲堪称精神分析对法律领域所做贡献的典范。该文论述了在法律诉讼中证词的有效性的尺度。弗洛伊德知道，简单证词或者证人都有其固有的不确定性，而这可能会决定被告的命运，因此弗洛伊德倾向于认为，法官会对一种可能导致被告"在客观上**背叛自己**"[3]的调查方法感兴

---

1 Sigmund Freud, « Prix Goethe 1930 » (1930), in *Résultats, idées, problèmes*, t. II, p. 181.

2 Sigmund Freud, « La psychanalyse et l'établissement des faits en matière judiciaire par la méthode diagnostique »(1906), in *Essais de psychanalyse appliquée*, Paris, Gallimard, 1933.

3 Sigmund Freud, 同前, p. 50。

趣。朝向这个目标，他首先在罪犯和神经症患者之间建立了一种基于秘密的类似性，但随即又将两者区分开：罪犯知道自己的秘密并设法向法官隐瞒，神经症患者则是秘密的承担者，他自己并不知道这个秘密，这个秘密对他来说也是隐秘的；他是对自己体验到的一个念头感到有罪，而不是真实犯下罪行。因此，罪犯反对调查，而后者则寻求配合调查。他以一个社交游戏作为演讲的起点，这一游戏的规则是：其中一名玩家抛出的任何一个单词，第二名玩家要添加一个单词，与第一个单词相加组成一个复合词。这样他就在游戏氛围中建立起他的联想方法，一种"儿童游戏的变体"，其实这最早是威廉·M. 冯特（Wilhelm M. Wundt）以联想主义名义引入心理学的，这也可能是唯一一种鼓励产生偶发观念（Einfälle）的方法。在这里，他不失时机地提到了两年前发表的《日常生活的心理病理学》。在该书中，他证明了被认为是无动机的行为，恰恰是由动机严格地决定的，并导致了心理自由意志的相应减弱。他回忆说，当时他把过失行为、遗忘和口误作为观察对象，证明了它们并非偶然的结果，因为它们传达了一种秘密的意图。

弗洛伊德曾多次指出，人们经常会因为一时语误而泄露原本打算保密的观点。在题为《论否认》的文章中，他精辟地展示了否定符号的使用是如何以一种看似矛盾的方式，通过否认真相而说出真相的。即使主体有意识地用"不"这种否定的形式来表达，却更有可能坦白自己的秘密。弗洛伊德收集了这样一个病人的回答："您会问梦中的这个人是谁。我的母亲。不，不是她。"[1]——这是一种被反转的肯定。弗洛伊德总结道："那就是他的母亲。"为了论证的清晰性，他补充道，这一切就好像病人说："当然，是这个人让我想到我的母亲，但我完全不乐意相信这个偶然的想法。"[2]

弗洛伊德进一步提出证据，证明背叛欲望满足的行为或者思想是可理解的。例如，在《精神分析引论》中，他在《过失行为》那一章节中展示了如何通过调查来猜测隐藏的秘密。他再一次把重点放在了调查方法上，首先是与不重视细枝末节事实的"其他的一些科学"进行激烈斗争，他们判断为不重要的东西，恰恰是精神分析的方法要去澄清的。为了做到这一点，

---

1 Sigmund Freud, « La négation » (1925), in *Résultats, idées, problèmes*, t. II, p. 135.
2 同前。

我们需要离开单义的信号领域，严肃对待所谓的过失行为、语误或遗忘，允许主体表达两种不同的意图，从而满足相互矛盾的要求。尽管主体有他自己的意图，但过失行为传达的无疑是一种成功的相遇。

弗洛伊德，科学家与诗人

柯南·道尔在 1900 年 12 月 15 日接受《珍闻》（*Tit-Bits*）杂志第 1000 期[1]的特别采访时说，他创作福尔摩斯这个人物的灵感来自埃德加·爱伦·坡笔下的侦探，骑士迪潘，他是永恒之神面前的伟大的猜谜者，也是侦探文学和拉康精神分析文本之一《被盗的信》[2]中里程碑式的主角人物。迪潘认为知识界的骗局是名副其实的"科学作弊"，即把"分析"一词保留给代数运算，他认为法国人是这种骗局的罪魁祸首。从批评警方的分析方法到证据的管理，埃德加·坡

1　Conan Doyle, « La véritable histoire de Sherlock Holmes », in *Sherlock Holmes*, Paris, Laffont, t. II, 1988, p. 1043.

2　Jacques Lacan, séminaire sur « La lettre volée » (1956), in *Écrits*.

把大臣的聪明狡猾作为故事的顶点。大家都知道这个故事：大臣从王后那里偷了一封可能泄露机密的信，为了不让别人看到这封信，并保持这封信给他带来的可以压制这位王室人物的优势，他使用了很多诡计。他知道警察会搜查他的公寓，找任何窝藏点都是徒劳的，因此他依靠的不是他的数学训练，而是他的诗人气质。埃德加·坡说："作为诗人和数学家，他的推理一定是正确的，但如果只是作为单纯的数学家，他的推理则一定会失误，因为这样他就只能任由警察局长摆布了。"[1]

因此，为了让这个珍贵的信封彻底避开警察局长系统有效的侦测，大臣选择了在微不足道的东西上下注，他让这封信显得平淡无奇，把它"放在全世界的眼皮子底下"[2]。除了迪潘，任何人都会上当受骗，但这位精通猜谜游戏的高手，这位善于识别对手意图的大师却猜到了：为使这封信看起来像一份毫无价值的文件，这位大臣做了一些手脚。弗洛伊德发现的无意识与文学虚构结合了起来，两者都很迂回曲折，都会让深层的联系大白于天下。这揭示了弗洛伊德和拉

1　Edgar Allan Poe, *Histoires extraordinaires*, Paris, Garnier-Flammarion, 1965, p. 101.
2　同前。

康都承认的事实：诗人先于分析家。弗洛伊德非常欣赏艺术家，他将《鼠人》中的强迫性神经症比作一件艺术品。

单靠医生是无法解读无意识的，还需要诗人。意大利历史学家卡洛·金兹伯格（Carlo Ginzburg）曾尝试着解读自己尚未破解的史实，其中他使用大量篇幅介绍了弗洛伊德的方法，他认为"迹象范式"出现于19世纪末，在医学符号学中发挥了决定性作用。他举例说，三位著名的"侦探"都曾接受过医学培训：艺术史学家乔瓦尼·莫雷利（Giovanni Morelli）、阿瑟·柯南·道尔和弗洛伊德[1]。他指出了1874年到1876年之间意大利研究对弗洛伊德的影响。从1874年至1876年，莫雷利提出了一种新的方法来确定绘画作品的归属，并区分原作和仿品。这种方法主要基于一般不被注意的细节。在《米开朗琪罗的摩西》一文中，弗洛伊德承认莫雷利对他的影响："我认为他

---

1 Sigmund Freud, Carl G. Jung, *Correspondance (1906-1909)*, lettre de Freud du 18 juin 1909, p. 313. 在提及荣格和他病人萨宾娜·斯皮尔林的纠纷时，弗洛伊德给荣格写道："我对此的反应异常睿智和敏锐，似乎从微弱的迹象中猜出了福尔摩斯式的事实。"

的方法与精神分析的医学技术关系密切。精神分析的技术也习惯于通过被忽视或未被观察到的特征，通过观察的废弃物，来猜测秘密或隐藏的事物。"[1] 对卡洛·金兹伯格来说，对这种认识论模型的分析，对这种迹象和阐释范式的分析，是要努力"打破理性主义和非理性主义之间对立的僵局"[2]。

在理性和非理性之间猜测

弗洛伊德不得不面对医学界对其发现的不理解，他在一篇题为《精神治疗》的文章中回应了医学界的发难。在该文中，他向医生同行们解释了希腊语中"灵魂"（psyché）一词的含义，他的这些医生同行嘲笑他的方法，并认为他的方法从科学原理的视角来看，就是现代神秘主义。弗洛伊德在文章当中批评医学片

1　Sigmund Freud, « Le Moïse de Michel-Ange » (1914), in *Essais de psychanalyse appliquée,* p. 23.

2　Carlo Ginzburg, « Signes, traces, pistes. Racines d'un paradigme de l'indice », *Le Débat*, n° 6, novembre 1980, Paris, Gallimard, pp. 3-44.

面强调躯体而忽视精神。他提醒他们注意医学具有神圣性的功能："治愈的艺术起源于祭司之手"[1]，即治愈是通过"词语的魔力"并根据病人期待信念的强度来实现的。三十年后，他又补充道："话语最初是一种符咒，一种神奇的活动，它仍然保留着许多古老的力量。"[2]对此，弗洛伊德没有忘记。在古希腊，治愈的艺术并非为医生所独有，祭司也在从事疗愈的工作。神庙的医学和"理性主义的"医学不仅在方法上也在语言的使用上相互交错[3]，祭司使用药物并规定饮食，医生则会求助于祈祷和护身符。甚至，在公元前 5 世纪和前 4 世纪的医学语言中使用的一些术语也属于宗教范畴。例如，"宣泄"（katharsis）一词在医学语言中被用来描述自然的或诱发的排泄，但它也适用于道德败坏后的仪式净化。

当然，这两个领域的交集并没有掩盖竞争中的冲突，更不用说"世俗"医学与神庙医学之间的激烈斗争。伊莎贝尔·施特恩格斯（Isabelle Stengers）提

1　Sigmund Freud, « Traitement psychique » (1890), in *Résultats, idées, problèmes*, t. I, Paris, Puf, 1984, p. 12.

2　Sigmund Freud, *La Question de l'analyse profane*, p. 34.

3　Geoffrey E.R. Lloyd, *Magie, raison et expérience*, p. 57.

出这样一个假设：医学之所以能获得科学的称号，并不是明确地基于其发明能力（这是所有科学的特点），而是基于"它诊断出了江湖骗子所具有的力量，并解释了剥夺其力量的理由"[1]。科学的医学是从"医生发现所有的治愈并非具有同样的价值"时开始的。治愈本身并不能证明什么。任何实践都可以吹嘘自己达到了治愈，但却不能因此确定其"原因"，"因此，江湖骗子被定义为把这种效果作为证据的人"[2]。

对弗洛伊德来说，如果治愈是暗示的效果，那么无论这种暗示是来自笨拙的治疗、野蛮的解释抑或生活本身，它都不能算作真正的治愈。只有尽可能地减少暗示的作用，更多地朝向移情的分析，那些本身并无治疗价值的效果，才能获得分析的价值。

在采用宣泄法时，弗洛伊德推动病人去回忆，他发现"其实病人不想被治愈"[3]，正是从这一观察出发，他强调了移情和阻抗。但接下来，当他的病人出于对分析工作者的情感依恋而急于治愈自己时，情况也并

1　Isabelle Stengers, *L'Invention des sciences modernes*, Paris, La Découverte, 1993, p. 32.

2　同前。

3　Sigmund Freud, *La Question de l'analyse profane,* p. 90.

不那么让人感到鼓舞，因为这种顺从的治愈也可能是出于一种逃避治疗及其会带来不快的治愈愿望，从根本上说只不过是一种阻抗。所获得的结果只能是暗示。为了避免这一陷阱，弗洛伊德在分析的技术规则中加入了分析工作者要拒绝满足病人的规定。痛苦是治疗背后的动力，通过分析进行治疗就是要驯服冲动，找到比神经症代价更低的满足方法。这就是所谓的移情神经症的治愈，移情神经症是朝向分析工作者移情的神经症，它涉及的是首先要进行探索直到穷尽所有要求的重复回路（欲望正是被囚于其中），然后为了再打结而进行解结。

在这一点上，我们需要再次转向希腊文明，因为希腊文明在弗洛伊德的思想中占有特殊的地位。他对古希腊的提及远远超出了同时代维也纳知识分子所接受的古典训练，也远远超出了这种训练要满足的整合欲望。古希腊是基督教和犹太教传统之间的第三空间。他曾多次忆及自己的犹太血统，但他也在希腊精神中找到了亲和点，这些点无可否认地促进了他理论建构的独特性。除了索福克勒斯的悲剧对弗洛伊德产生的巨大影响之外，现在对我来说最重要的是揭示出给他打上如此深刻烙印的特殊心态。我们不要低估这样一个事实，即建立希腊声望的理性思想、认识论和哲学是在传统习俗和思想的背景下发展起来的，而传统习俗和思想中的非理性远未消失。在从神话走向理性的过程中，我们并没有抛弃神话。Muthos 在希腊语中的意思是"话语、陈述、故事"，logos 一词也是如此，它的第一层意思也是"话语、辞说"，"谜语"和"神谕"亦然。古希腊文化是建立在话语基础上的文明。

我甚至可以说，弗洛伊德成功地将这些不同的、异质的思维模式汇集在一起，在西方世界长期割裂开来的理性与非理性这两极思维之间编织了一个建立主体科学所必需的联盟。是激情驱使他揭开症状的面纱，证明他的技术是有效的，并强制他去猜测，但是，如果把古人猜测（占卜）的复兴看作他人生旅途中一个简单瞬间的表达，那就太草率了，因为这一猜测证明了更深层次的联系：这是他天才发现的根源，也决定了他作品的复杂形象。当然，这正是我们感兴趣的地方，也是他所开辟的领域如此丰富和取之不尽的原因。在《精神分析引论新编》中，弗洛伊德叙述了许多精神分析工作者至今仍在抵制死亡冲动（pulsion de mort）概念，接着，他想象了一位对他的工作嗤之以鼻的对话者，用以下措辞对他发出质疑："但是，女士们，先生们，为什么一个大胆的思想家不可能猜出（erraten）后来被冷峻又艰苦的详细研究所证实出来的东西呢？"[1]

这个"猜测"，一代又一代的分析家读过它，但从未真实面对过它。为什么？因为猜测让人害怕，认为这套方法是猜测可能会威胁到精神分析的理性，使其滑向不可言喻的直觉，或使其沦为单纯的猜谜游戏，更有甚者，使其迷失在占卜的秘术当中。在移情中，文本不是给定的，而是缺失的，这也是它无法被解释的原因。它要求分析工作者进行推测性的跳跃，即谜的跳跃。它是一种欲望的移情，而这本身就是一个谜，等待着分析工作者（它的收件人）将之辨认出来。

---

1 Sigmund Freud, *Nouvelle suite des leçons d'introduction à la psychanalyse*, OCF.P XIX, p. 190.

第四章　移情的临床

精神分析不是一种不偏不倚的科学研究，而是一种治疗行为，本质上它不是试图去证明，而是去修改某些东西。[1]

——西格蒙德·弗洛伊德

癔症之谜

在精神分析发现之初，弗洛伊德与癔病患者们（主要是女性，我称她们为"承载着精神分析的女性"）之间曾经有过激情的相遇。精神分析在癔症中找到了

1　Sigmund Freud, *Cinq Psychanalyses,* p. 167.

它的发源地、它的子宫。"癔症"一词源于古希腊语"hustéra"，意为"子宫"。因此，它是一种"女性疾病"，因为只有女性才有这个器官。直到让·马丁·沙柯（Jean Martin Charcot）和弗洛伊德的时代才发现，这种神经症在两种性别中均有出现。弗洛伊德创立了一种新的疾病分类，一种新的临床类别。他将癔症和强迫性神经症称为"移情神经症"。在弗洛伊德与癔症患者的欲望相遇当中，弗洛伊德的欲望也在那里盘绕，所以癔症是弗洛伊德欲望的母体。"正是从癔症患者的欲望中，弗洛伊德提取出了他的那些主人能指"[1]，即他的基本概念：无意识、重复、压抑、冲动和移情。

承载着精神分析的女性

在《癔症研究》中，弗洛伊德毫不掩饰地表达了他所承受的压力："对我来说，就是要猜出（erraten）病人的秘密，并把它扔回到他的脸上。"[2] 这句话看着很激烈，但他就是个充满激情的人。他开始倾听"癔

1　Jacques Lacan, Le Séminaire, livre XVII, *L'Envers de la psychanalyse* (1969-1970), Paris, Seuil, 1991, p. 149-150.
2　Sigmund Freud, *Études sur l'hystérie,* p. 227.

症之谜"[1]。让我们一步一步来。弗洛伊德通过癔症走上了精神分析的道路，摆脱了自以为是个"知道"的人的立场。彼时，任何不符合既定知识框架的东西都被描述为"模仿"。在弗洛伊德看来，癔症的惊人表现完全跟谜一样，它们有其意义，但这种意义并不是立刻就能给出的：它必须依靠猜测。

因此，自1895年的《癔症研究》（这可以算是精神分析的开始），对弗洛伊德有吸引力的"猜测"一词就出现了，这并不奇怪。癔症症状源于"最隐秘"的被压抑的欲望[2]，癔症个案的澄清必然涉及对亲密关系的揭露和秘密的坦白。当然，此时对他来说，秘密还是父亲的引诱。但不仅仅是如此。还有这样一种假设，即病人拥有隐藏在无意识中的秘密、不可知的知识，他相信这些知识可以被揭示出来。为了揭开谜底，为了"解除"压抑，需要进行猜测，这不仅源于癔症的病因，也源于弗洛伊德的欲望，这种欲望在发现真相的过程中起到了决定性的作用。

---

1 Sigmund Freud, « Petit abrégé de psychanalyse » (1924), in *Résultats, idées, problèmes*, t. II, p. 98.

2 Sigmund Freud, « Fragment d'une analyse d'hystérie (Dora) », in *Cinq Psychanalyses*, p. 2.

我们不再赘述细节，这些已被提及了成百上千次的相遇中的波折，它们是取之不尽、用之不竭的教学来源，但会分散我们的注意力，使我们无法努力追寻弗洛伊德必须要去猜测的东西——移情，以及他猜谜的激情。

直接来说约瑟夫·布劳伊尔和他著名的病人安娜·O之间的相遇及其影响的秘密，这次相遇让弗洛伊德开始理解移情的概念。在我们看来，这个术语具有双重含义，有其合理性，因为在这个精神分析的最初时刻，我们发现了（用弗洛伊德的话来说）"胚芽中的"、正在形成的移情的知识。这一事件对他产生了如此强大的吸引力，以至于我们将其作为他探究中的主要制约因素。这也是因为在这一前所未有的场景中，移情首次在一个闺房秘事的维度中显现出来，它揭示了一个想要孩子的欲望。

1883年夏天的一个晚上，维也纳名医、弗洛伊德的老师和朋友布劳伊尔向弗洛伊德细致入微地讲述了他自1880年以来持续不断的治疗过程。年轻的贝塔·帕本海姆（Bertha Pappenheim）个案，后来以化名安娜·O个案而闻名。这位21岁的女孩"聪明绝顶、机智过人、直觉敏锐"[1]，被许多运动障碍和感官障碍所困扰，生活让她几乎无法忍受。布劳伊尔用催眠术对她进行治疗，并注意到，在她经常做的被她自己称为"私人剧院"的白日梦中，她喃喃自语，似乎在讲一些私密的担心。他让她在催眠状态下一遍又一遍地重复这些话，结果发现当她醒来时，她经常能从这些严重的症状中解脱出来。她继续用这种方法向她的医生讲述她的每一种症状，并用她在患病期间唯一能说的语言英语进行表达[2]，还把这种方法称为"扫烟囱的疗法"和"谈话疗法"，布劳伊尔则称之为"宣泄疗法"。布劳伊尔的注意力被他的同代人保罗·莫比乌斯（Paul J. Möbius）所说的"意识中的某种空白"[3]所吸引。正是围绕着这一空白，治疗师的欲望会找到他的理性，并在他的不知不觉中产生了令人惊讶的移情事件。

1885 年 10 月弗洛伊德抵达巴黎后，将这一观

1　Sigmund Freud, *Études sur l'hystérie,* p. 14.

2　安娜·O 的母语应该是德语，在她生病期间她不能说德语，只能说英语。译注。

3　Sigmund Freud, *Études sur l'hystérie,* p.172.

察结果告知了沙柯，但"大师对此毫无兴趣"[1]。直到 1886 年 2 月，在这六个月当中，在萨尔佩特里尔（Salpêtrière）医院的圆形礼堂里，他都出席了以视觉治疗为基础的医者 / 病人关系的表演。作为观察者，弗洛伊德参与了"私人剧场"的演出，而在此之前，布劳伊尔是这场演出的唯一见证人和主角。那时他尚未直接参与到治疗当中，治疗中的一切还只是道听途说，加上萨尔佩特里尔医院的催眠表演，这些将在未来产生效果。弗洛伊德曾对催眠效果感到失望，但布劳伊尔的宣泄方法——通过话语释放过去的痛苦事件，对这位年轻的医生来说是天赐的治疗良方。他的生计也主要依赖于布劳伊尔（他的保护人和朋友）介绍来的客户。

1890 年初，弗洛伊德给布劳伊尔强烈推荐了一个出版项目，即共同撰写关于宣泄疗法的应用，并让后者再次向他讲述了安娜·O 的治疗经过。虽然现在已经确定了这位年轻女性的过去和现在的病态表现之间有着因果关系，但癔症的确切病因，即这种神经症

---

1 Sigmund Freud, *Sigmund Freud présenté par lui-même,* p. 34.

症状的起源和构成方式，仍然是个谜。布劳伊尔坦率地指出，在他的病人身上，"性因素出奇地不明显"[1]。不过，他注意到，当他心情低落时，她就会拒绝说话。然后他想方设法地恳求她，而女孩只是在确认了他的身份之后才会同意继续说话，这种确认身份的方式，如布劳伊尔所说，是"通过仔细抚摸我的手"[2]。治疗并没有结束症状，反而引发了一场关于医生和患者之间移情关系影响的大讨论。弗洛伊德在给斯蒂芬·茨威格的信中说，他获知安娜·O最后的话："我所期待的布劳伊尔医生的孩子就快出来了。"[3]然而直到多年以后，这句话才与其神秘传闻的特征剥离。他告诉茨威格，他已经理解了布劳伊尔的秘密，是病人的幻想暴露了它的意义，因为就是在这一点上，治疗师和安娜·O承认了他们两人的共同疯魔，在这一点上，他们中的一人的唯一出路是逃离，而另一个人的唯一出路则是假孕。

1　Sigmund Freud, *Études sur l'hystérie,* p. 14.

2　同前，p. 22。

3　Sigmund Freud, *Correspondance (1873-1939),* lettre du 2 juin 1932, p. 448. 米克尔·博奇-雅各布森在他的作品中质疑了假怀孕和弗洛伊德的解释，见 *Souvenirs d'Anna O.*, Paris, Aubier, 1995。

在与弗洛伊德一起撰写《癔症研究》的这段时间，布劳伊尔提到了这一新出现的、不完全孤立的现象，他说这是他们俩向世界揭示的最重要的东西。女病人们顺从于催眠，在色情的沉醉中放任自己的身体，倾诉自己隐私的记忆，但她们对治疗师施加压力的代价是反过来要对秘密进行追溯。在这方面，《癔症研究》中发表的治愈案例堪称典范。这些案例表明，弗洛伊德在很大程度上克服了对布劳伊尔来说是致命的障碍：只要他设法将患者的爱的冲击纳入治疗方法本身（这一方法被命名为"移情"），那么这些爱的冲击就不能阻止他继续进行治疗，即使不能始终进行治疗，至少也不妨碍他进行研究。

在布劳伊尔对安娜·O进行治疗之后，弗洛伊德在《癔症研究》中首次以独立名义对艾米·冯·N夫人（范妮·莫泽男爵夫人）进行了观察。这种治疗最初完全是在催眠状态下进行的，后来结合了其他技术，如按摩和水疗，而正是这些技术的局限性使弗洛伊德能够理解起作用的精神力量，并大胆猜测癔症的奥秘。但是灿烂的成功并未如约而至。尽管弗洛伊德热衷于治疗他的病人，但或许正因为如此，这位 40 岁的富有寡妇突然中断了治疗，治疗的消极反应使治愈变得遥不可期。1924 年，弗洛伊德承认了自己作为初学者的不足之处："我知道，没有哪个分析工作者在读到这个病人的故事时会不带一丝怜悯的微笑。"[1]然而，对弗洛伊德来说，这是一个决定性的阶段。弗洛伊德从这次失败中发现了许多值得借鉴的东西。尤其是在这第一次治疗中，他注意到了医生会对病人的语言表达产生影响。

在第二次按压治疗中，他注意到病人的那些话题不仅没有被剥夺意义，反而以一种确定的因果关系衔接在一起，于是他发现了所谓的"虚假联想的结"[2]。抛开了催眠，他从这些断断续续的对话中得出结论：她自发地通过话语卸载了情感。发生的一切都"仿佛"是她自己完成的，换句话说，如同是她听从治疗师的建议，给了真相游戏一个机会。但这种判断需要慎重，因为尽管她看似和其他所有追随弗洛伊德的病人一样，表面上心甘情愿地接受了治疗师的"尽量说出来"（pousse-au-dire）的建议，却是她逼着治疗师保持沉默，以便她的言语能够按照自己的节奏和脉动

1　Sigmund Freud, *Études sur l'hystérie,* p. 82, note 1.

2　参见 1894 年加在艾米·冯·N 夫人个案中的关于"联想的强制力"的长注释，见: *Études sur l'hystérie,* p. 51-55。

展开，而不是受制于弗洛伊德的匆忙。

1889 年夏天，他去了南锡，到希波吕特·伯恩海姆（Hippolyte Bernheim）的住院部，他想完善他的催眠术。回来后，他就有机会验证这位老师教导的正确性：催眠师对被催眠者下达的任何指令都会被立即执行。然而，当催眠师询问被催眠者行动的原因时，他们却无法回答；当催眠师逼问他们时，他们就会在记忆中寻找过去的经历来证明自己的行为是正确的。这是否意味着完成行为与暗示相联系的线索已经不可逆转地断裂了呢？不，不完全是这样，因为伯恩海姆确信，在治疗过程中发生的事件并没有消失，只是被遗忘了，只要再给他们施加一次暗示，它就会重新出现。弗洛伊德从中得出的结论是至关重要的：如果催眠状态下的病人接受了治疗师的指令，这不仅意味着医生的话语具有未曾预料的力量，而且意味着有一种恢复遗忘了的记忆的可能方法，这种方法给追寻被埋葬的记忆带来了巨大希望。

然而，在医院里进行的极具表演性的催眠实验在私人诊所里却很难实现，伯恩海姆向弗洛伊德证实了这一点，并敦促他不要对这种后来被他形容为魔术的治疗方法期望过高；弗洛伊德认为这可以合理解释他在治疗他的女病人时遇到的困难，他坦言：这种"魔术般"的做法给成功的实践者带来了奇迹创造者的光环，但也有重大局限，那就是让病人对其神经症的原因一无所知。他不无讽刺地补充道，他自己并不觉得魔术师有什么优势和诱惑力。1886年，他曾对他的未婚妻说过类似的话："我天生没有那种吸引人的魅力。"[1]他甚至发现，新来的病人倾向于低估他。此外，他还发现很多病人接受催眠的效果很差，有的甚至根本无法被催眠。这使他放弃了这种方法，取而代之的是自由联想法，从而走上了通往精神分析两个基本概念的道路：阻抗和移情。1892年，他对年轻的伊丽莎白·冯·R（本名为Ilona Weiss）进行了"对癔症的第一个完整分析"[2]，取得了鼓舞人心的治疗效果。

"精神分析"一词出现在弗洛伊德的著作中是在1896年，当时他已完全放弃了催眠术。在谈到伊丽莎白·冯·R时，他谈到了精神分析。病人闭目躺着，弗洛伊德在她对面。几年之后主角们的位置发生了翻

1　Sigmund Freud, *Correspondance (1873-1939),* lettre du 27 janvier 1886, p. 211.
2　Sigmund Freud, *Études sur l'hystérie,* p. 109.

转：病人睁着眼睛，而分析工作者来到了她身后。弗洛伊德尤其不愿意让伊丽莎白·冯·R进入睡眠状态，因为催眠方法完全不适合她。相反，他鼓励她说出她知道的，还有她不知道的东西，并假定她知道自己患病的原因，但由于压抑而无法抵达这些知识。根据假设，她说出的那些杂乱无章的话将为她打开通往这些知识的道路。治疗将分两段时间开展：第一部分时间是讲述她的悲伤历史，但没法解开谜团；然后是第二段时间，病人告诉他，她什么都想不起来，但他向她保证她已经想到了，只是她把这些东西搁置了起来。于是，他用手按压她的前额，以克服联想阻抗，停顿便是阻抗的证据。他补充说，如果她能成功克服这个障碍，那么之前隐藏的无意识表象便会找到一条直达意识的通路。

因此，通过提取影响和致病记忆来解决症状的宣泄方法不仅是一种治疗手段，而且是一种获得迄今为止仍无法获得的表象的非凡方法。在这些表象消失的同时，症状作为过去经历的残留物和象征出现，它们被主体强烈地感受到，但感觉无法与它们调和。或者更确切地说，这些残留物和象征构成了一个类似谜语的文本，通过使用最微妙的修辞手法——省略、暗喻、隐喻、提喻、换喻、讽喻……它们通通指向一个秘密的含义。

1893 年，弗洛伊德在与布劳伊尔合作撰写的《癔症研究》的"初步通讯"中提出了这样一个假设："人类在语言中找到了行为的对等物。"[1] 他承认自己对癔症症状的理解主要归功于塞西莉·M 夫人（即安娜·冯·利本［Anna von Lieben］男爵夫人）那些丰富的语言象征。

塞西莉·M 夫人抱怨她的右脚后跟剧烈疼痛，使她无法行走，只能躺在床上，直到有一天她的医生把她带到她下榻的疗养院的餐厅。疼痛在回忆那个场景的时候出现，并且在回忆的同时又消失了。弗洛伊德怀疑，这种满意的结果并不仅仅因为成功的暗示。事实上，她曾表达过在餐厅宾客们面前，她有着恐惧，害怕无法"符合礼数地"展示自己（*auftreten*）。脚后跟的疼痛阻止了她进入公共场合，这是一个隐喻。"*auftreten*"的本义在某种程度上让位于引申义[2]，

1　Sigmund Freud, *Études sur l'hystérie,* p. 5.
2　德语"auftreten"的原义是"行为举止"，引申义是"得体""有把握"。译注。

为"失稳综合征"（syndrome d'astasia-abasia）提供了一个词桥。另一次是关于她剧烈的面部神经痛。她告诉弗洛伊德，在她夫妻关系紧张的时候，她和丈夫吵架，她丈夫的一句话给她留下了深刻的印象。就在那时，一阵强烈的疼痛袭来，她用手捂住脸颊，惊呼道："就像脸上被人扇了一巴掌。"[1]

一旦发现将过去事件和痛苦当下连接在一起的语言桥梁，那么伴侣的话语所造成的打击就会以一种神秘的症状形式出现。在上面的例子中，丈夫"语言攻击"的表述被她从字面上一一理解了，让她在完全不知道原因的情况下创造出一种症状（面部神经痛）。另外两个从字面上理解语句的例子可以让我们相信弗洛伊德的分析是有意义的。当她被迫"咽下"一句贬损的话时，她感到喉咙发紧。在治疗结束时，她抱怨自己被一个强迫性的影像所困扰：她的两位医生弗洛伊德和布劳伊尔被吊在花园附近的两棵树上。前一天晚上，布劳伊尔和弗洛伊德分别拒绝了她的用药要求。她恼怒地想："这两个人是半斤八两，臭味相投

1　Sigmund Freud, *Études sur l'hystérie,* p.142.

（*pendant*）[1]。"[2]

弗洛伊德并不是在扮演双关语的收藏家，而是想让人们注意到一系列措辞的原始含义。由于这种意义尽可能地接近了身体及其感觉，我们可以更好地理解癔症患者那里的运作机制：将其所遭受的事件转化为身体现象或心理感觉影像。弗洛伊德指出："癔症患者把词的原始意义还给最强烈的神经支配是正确的。"[3]

我将把这趟癔症之谜的旅途最后一站留给被弗洛伊德称为女主角（prima donna）或导师的塞西莉·M夫人，因为正是她的个案历史促使布劳伊尔决定发表他与弗洛伊德的工作。此外，也是对她的治疗在1894年夏天的激情氛围中为两人的合作敲响了丧钟。1894年夏天，弗洛伊德决绝地切断了与布劳伊尔的情感联系。1905年，弗洛伊德出版了《一个癔症分析的片段（杜拉）》，旨在完善和证实他在1895年

1　pendant，在这里的意思表示一者与另一者相应，这里翻译为"相投"，但是此词还有"吊着"的意思，所以患者那里才有两个人被吊在树上的影像。译注。

2　同前。

3　Sigmund Freud, *Études sur l'hystérie,* p. 145.

和 1896 年关于梦的分析在癔症病理过程中起着核心作用的论断，他得出结论，认为有必要通过猜测"及时控制移情"[1]。二十年后，他再次重申了这一要求：如果分析工作者能够及时**猜对**，移情就不会成为障碍。

我们刚刚研究了弗洛伊德这位谜题发现者所走过的一些道路。显然，正是由于弗洛伊德拒绝把这些人抱怨的症状当作模仿，他们才拥有了一个机会，自己去抓住症状背后的意义。只有通过词的绽放，注意话语允许的所有移情，即从一个词到另一个词的意义的转移，或在同一个词中的意义的转移，才能把握这种意义，只有这样才能理解症状的起源。但是，弗洛伊德在《五种精神分析》中以杜拉为例，将"猜测移情"应用于爱情生活，确切地说，这要表达的是什么意思呢？

《五种精神分析》，我们可以给它加一个副标题"弗洛伊德临床的丰富时期"，它们包含了精神分析技术的基础，让我们可以追溯弗洛伊德发现"无意识"这一概念的过程。它们证明精神分析的行动已经开始了，在其独特性中产生了一种主体的且可以被传递的

1　同前，p. 88。

知识[1]。

关于临床工作有很多问题，但我们凭什么就认为它是精神分析的呢？在拉康看来，精神分析临床就是要重新质询弗洛伊德说过的一切[2]，这也符合弗洛伊德给所有对精神分析感兴趣的人提出的建议：沿着他自己走过的路走下去。那我们用什么样的话语、什么样的行动、什么样的承诺来处理症状性的表现，用什么知识来治疗呢？这些临床案例报告让我们有机会在每一次阅读中发现新的元素，丰富我们的知识。在《五种精神分析》的案例中，我们选择了两个主要关注了移情问题的案例，在弗洛伊德的阐述中，它们都与对移情"猜测"的强制性和迫切性有关。第一个个案，杜拉，也是弗洛伊德承认自己参与移情的第一个个案，他责备自己没有"猜到"移情；然后是"鼠人"个案，这是首个在基本规则下开展的个案。在这个案例中，"猜测移情"被付诸实践。这两个个案都发生在第一次世界大战之前。弗洛伊德还有三十年的时间来追求

1　Sur ce thème, Alain Badiou, *Lacan, l'antiphilosophie 3 -
Le Séminaire 1994-1995*, Paris, Fayard, 2013, pp. 94-95.
2　Jacques Lacan, « Ouverture de la section clinique »,
Ornicar?, n° 9, 1977, p. 11.

他的理论和技术发展。

一个癔症分析的片段：杜拉的个案

杜拉的治疗过程很短，但其个案记录（原名为"梦与癔症"）却是弗洛伊德最长的治疗记录之一。弗洛伊德的意图是集中研究两个梦，以证明它们是分析解释工作的一部分，它们与症状及童年的记忆交织在一起。他的著作《释梦》于1899年底出版，但编辑标注的日期是1900年，这比1901年1月撰写的《杜拉的个案》早一年。1901年1月25日，他在完成这部作品后写信给朋友弗利斯，说他认为这部作品"是我做过的最精妙的工作，会让人们比平时更害怕"[1]。而他推迟到1905年才出版的著作《性学三论》引起了名副其实的公愤——维也纳的中产人士见到他时，不跟他打招呼，也不给他让道。

1　Sigmund Freud, « Lettres à Wilhelm Fliess », in *Naissance de la psychanalyse,* p. 290.

他说，在这次治疗中，他被移情"震惊"了[1]。移情出乎意料地在无形中显现，而且对他来说始终覆盖着神秘而奇怪的特征。杜拉，他曾倾注全部心血并"希望治疗能有个好结果"[2]，这个他曾毫不犹豫地与之直接谈论性的女人，在仅仅11周之后就离他而去，像一个普通女仆或者家庭教师的离职。科学交流都是以成功故事为重点的，但是把作者所犯的错误也包括在内，这是很不寻常的。同样罕见的是，这个赤裸裸的失败却产生了决定性的发现，就像这个个案出版时所表达的：如果我们能够"及时猜到"[3]，那么移情的关键就不再是障碍。

二十年后，弗洛伊德重新回到这种移情现象当中，并为他没有猜出杜拉对K夫人的爱之谜而责备自己。正是在这个治疗当中，他抛出这句神谕一般的话："移情必须被猜出。"移情是最有力的辅助手段，但也是最艰巨的，因为弗洛伊德认为对梦、过失行为和其他

1　Sigmund Freud, « Fragment d'une analyse d'hystérie (Dora) », in *Cinq Psychanalyses,* p. 89.

2　Sigmund Freud, 同前，p. 82。

3　同前，p. 88. Voir note 28, p. 10："移情，注定是精神分析的最大障碍，但如果我们每次都能成功地猜测到它，并将它的含义翻译给病人，它就会成为精神分析最有力的助手。"

症状产物的解释是"很容易学会的翻译程序"[1]，他也暗示说，"与它们相反"，移情仍然是分析工作中最困难的部分。"移情必须被猜出"这个命令试图消除的正是这一困难。杜拉个案并不是一个治疗小片段，而是一个有始有终的治疗过程。1900 年 10 月，她在父亲的"正式命令"下进入弗洛伊德办公室，但却在治疗未完成的情况下提前离开了，"这是一种无可争议的报复行为"[2]，弗洛伊德在同年 12 月 31 日如是说。换句话说，分析家弗洛伊德感兴趣的是他自己错过的东西。是什么阻碍了治疗，他要不惜一切代价找出原因。从一开始他就意识到，如果必须发表一些零碎的、令人不满意的结果是不合适的。直到 1905 年 4 月，也就是他完成此书写作（1901 年 1 月 21 日）四年之后，他才消除了唯一的严重顾虑，主要是他对揭示病人的隐私以及他们性生活中最隐秘欲望的顾虑："［……］对癔症个案的澄清必然会揭示这种私密性，并泄露（*verraten*）这些秘密"[3]，他就此解释道。

他必须面对的另一个难题是，如何将完全通过口

1　同前，p. 87。
2　同前，p. 82。
3　同前，p. 2。

头交流进行的治疗以叙述的形式呈现出来。如何将治疗过程中的动态内容记录下来,如何在还原的同时又不因缩减内容而背叛它?既然这不是一个对治疗过程进行整理或记录的问题,既然对临床分析来说唯一重要的是内心的主观记录,包括记录中的空白、变形和分析师在记录中的参与,那么我们又要如何对待永远无法还原的分析过程中的丢失呢?他惊讶地发现,他写的病人案例报告读起来像小说,缺乏科学写作的严肃性。他安慰自己说,一个真正的小说家不可能允许自己以这种杂乱无章、不完整甚至有时不连贯的方式来描述人物的言语和事实。在他看来,对所发生的事情进行客观的"誊写"似乎更加可疑,因为记忆的空白和症状表现中固有的谜团不允许这样做。"如果一开始就揭示一个完整的观察结果,就会把读者置于与分析工作者截然不同的环境中。"[1]

弗洛伊德放弃了"事件现实",转而追求幻想生活的"精神现实"。因此,他要做的不是遵循精确时间顺序,而是要听从无意识智慧。他接纳了"事后"重建的主观性:"叙述不可能像留声机那样绝对记录,

---

1 同前。

但是这样却可以趋向于更高度的真实。"[1]

我们这里对杜拉的阅读并非详尽无遗，也没有穷尽文本，相反，只是突出了叙述中所附着的移情和对移情的猜测。

移情之结

分析开始时，杜拉，也就是艾达·鲍尔（Ida Bauer），将近 18 岁。与《癔症研究》中讨论的那些极具表演性的症状相比，她带着一些与抑郁因素和自杀念头相关的躯体症状，弗洛伊德将其描述为"轻微的癔症"。自《癔症研究》之后，他的精神分析技术发生了根本性的转变，从事实性的创伤事件转向对精神现实的关注。另外，追求患者"招认"的施压法没有充分考虑到神经症的结构及其内在逻辑，或者换句话说，没有认识到症状是一种妥协的形成：当然，病人抱怨它，为它所苦，但也从中获得了足够的满足感，从而不急于摆脱它。因此，从此之后，是病人，而不是医生，被邀请在日常治疗工作的主题中发挥主动性。然而，即使主动权给了病人，即使是病人在分

1　同前，p. 4。

析中并通过分析去言说和支持其作为秘密的愿望，在杜拉治疗过程的叙述中，仍然存在着一个阶段，在这一阶段确实有着医生积极参与的欲望。在一次治疗之前，弗洛伊德走进等候室，杜拉正在那里等待着，他看到杜拉匆忙地藏起一封正在阅读的信，于是他一直想让她透露信的内容。但是，当他终于获知信的内容，却发现它与杜拉阅读时所营造的秘密氛围毫无关系：杜拉告诉他，这只是一封来自祖母的无关紧要的信。那么，她为什么要演这一出呢？"我认为，"弗洛伊德说，"杜拉只是想假装她有一个秘密，然后向我展示，并想让我拆穿她。"[1] 这句话与《癔症研究》中的句子如出一辙。

我们可以认为，弗洛伊德暴露了自己，他让杜拉猜到了他最大的欲望是要猜出她的秘密。我们知道，通过这个躲猫猫的游戏，病人支撑了弗洛伊德对知识的欲望，甚至她把他推向知道，但是这都是为了让他失败。她对之前接待她的医生并不是这样的，那些医生没有知道的欲望，他们只是将她的烦恼归结为神经衰弱，并且从未冒险猜测其原因。杜拉区别对待弗洛

1　同前，p. 57。

伊德和其他医生，并没有什么矛盾。弗洛伊德告诉我们，正是因为"他猜不出她的秘密"，她才对他寄予信任而拒绝信任所有其他人。弗洛伊德还补充道，对于其他人，"她担心他们猜出她的秘密"[1]。

将分析工作者的欲望和病人的欲望带到分析当中从而引入移情，是切入临床工作中不断出现的当下性（actualité）问题的一种中肯方式。我使用的表达——"移情之结"，参照的是弗洛伊德为唤起移情而提出的"结"的隐喻，他将其描述为"虚假的结"，而拉康也重提了这一隐喻："移情是一个结。"[2]

弗洛伊德批评自己只是粗浅地触及了移情。一个多世纪以来，他一直被指责犯有错误。当然，有些分析家是绝不会犯这些错误的！但是，出版这些著作的意义在于它们具有传递的价值。"建构其本质的东西、其作为介绍精神分析的早期出版物的特点、其清晰性，都与它的重大缺陷密切相关，而这一缺陷也正是分析

1　同前，p. 53, note 1。

2　Jacques Lacan, *Le Séminaire*, livre XI, *Les Quatre Concepts fondamentaux de la psychanalyse*, p. 148.

过早中断的原因，即未能充分考虑移情。"[1] 既然作者已经知道并承认了这种治疗方法的不足之处，那么更有意义的事就是找出分析工作者在治疗过程中起了什么作用。

治疗过程中的初始会谈需要得到分析工作者的全部注意，因为这些面谈包含了后来治疗过程中所有的基本要素。

鲍尔家有两个孩子：杜拉和大她一岁半的哥哥奥托。故事是围绕着杜拉父亲这个家庭的"大家长"展开的，包括他的爱情，对 K 夫妇的爱情阴谋。由于父亲经常生病，杜拉对父亲的感情也日渐强烈。正是他的肺结核和其他疾病促使他们全家离开维也纳，前往蒂罗尔州[2]的一个海滨城市，在那里一住就是十年。在那里，他们遇到了 K 一家。这对夫妇有两个年幼的孩子，杜拉对他们照顾有加。我们后来得知，K 夫人就是杜拉父亲的情妇，而 K 先生则是一个风流成性的勾引者。两对夫妇的婚姻都很不幸。那个世纪末

1　Sigmund Freud, « Fragment d'une analyse d'hystérie (Dora) », in *Cinq Psychanalyses,* p. 88.
2　奥地利西南的一个州，位于阿尔卑斯山脉的心脏地带，是欧洲最受欢迎的度假胜地之一。译注。

的性是有着惨痛教训的，伴随着梅毒和反复怀孕，男人女人都为此付出了沉重的代价。杜拉对她的母亲漠不关心，弗洛伊德也从未见过她的母亲，但是谈到她时措辞严厉。尽管如此，我们还是应该关注一下这位母亲对她女儿的影响。这位爱情中不幸的母亲忙于家务，她在家务中找到了由夫妻性关系的污秽而激发的洁净。更重要的是，她在珠宝中得到了她在情感中没有得到的满足。

鲍尔先生因婚前感染梅毒而出现过严重症状，正是通过 K 先生介绍，他找到弗洛伊德进行了治疗。弗洛伊德"充满活力"的治疗产生了良好的效果。四年后，他再次找到弗洛伊德，却是为了他 16 岁的女儿，因为她患有长期咳嗽和失语症。弗洛伊德将她描述为一个"明显患有神经症但拒绝接受治疗"[1]的年轻女孩，她的咳嗽症状会自发消失。18 岁时，她已成长为一名"花一般的少女"[2]，其症状却很独特，她的父母担心她的性格问题、对生活的厌恶以及自杀的威胁。

---

1 Sigmund Freud, « Fragment d'une analyse d'hystérie (Dora) », in *Cinq Psychanalyses,* p. 13.
2 同前，p. 14。

1900 年 10 月，她"在父亲的正式命令下"[1]，"虽然带着阻抗，但还是"[2]去见了弗洛伊德。弗洛伊德强调，在外部强制力下进行治疗会对分析产生不利的影响。

在初始访谈中，这位父亲回忆说，在他因健康问题而前往疗养的地方，他们一家与 K 夫妇结下了"深厚的友谊"。K 先生对杜拉很好，外出时会给她寄明信片，还送她小礼物。而杜拉也"非常殷勤地"照顾这对夫妇年幼的孩子[3]。四角舞（quatrille）[4]进行得很顺利，一切都进行得很顺利，直到发生了一次意外（Vorfall）——它发生在杜拉去咨询弗洛伊德之前，Vorfall 这个词的意思也是"之前发生的事"。这就是著名的湖边一幕，当时一切都变了，父亲命令女儿："接受治疗吧！"弗洛伊德的责任是"让她重回正轨"[5]。弗洛伊德认为，尽管大家对这一场景及其

1　同前，p. 13。

2　同前，p. 14。

3　同前，p. 16。

4　拉康对四人关系的形容，参见雅克·拉康《文集》中的《就移情作的发言》（1951）。译注。

5　Sigmund Freud, « Fragment d'une analyse d'hystérie (Dora) », in *Cinq Psychanalyses,* p. 16.

谜团发表了无数评论，但它仍然是不透明的。场景很简单：杜拉父亲的情人的丈夫 K 先生向杜拉求爱。就在他敢于表白爱意的那一刻，他说出了一句他自己都没有意识到的对少女有影响的话："我的妻子对我来说什么都不是。"杜拉当场打了他一巴掌，并在几天后要求离开。更糟糕的是，她要求父亲立即与 K 夫人断绝关系。但是这位父亲却向杜拉保证：他们俩"都是可怜人，只是尽可能通过同情来安慰对方"[1]。至于 K 先生，他声称自己没有做什么出格的事，杜拉对事情（湖边场景）的理解是不正确的，他还说他的妻子怀疑这个年轻女孩只对性感兴趣。他们一致否认那一场景确实发生过，说这是杜拉"想象"出来的场景。

弗洛伊德非常看重鲍尔先生，说"他极具天赋"，是一位前途无量的伟大实业家。尽管如此，弗洛伊德还是像往常一样，决定听听"故事的另一面"[2]，以便形成自己的观点。通常情况下，在治疗开始之前，第一个移情之结就已经完成。在这个个案中，它是由

1　同前。
2　同前，p. 17。

两个男人之间的相互信任和尊重构成的。剩下的工作就是分析工作者与杜拉之间的移情，但它远远没有成型。

分析的解释

　　弗洛伊德听到了杜拉所陈述的事实，承认她所说的是真的。"我无法反驳杜拉关于她父亲的总体描述，所以不难看出这位年轻女孩说得有道理。"[1] 她很恼怒地说，她被交给了 K 先生，为了 K 夫人和杜拉父亲之间的关系，她是补偿 K 先生的代价。弗洛伊德相信她说的话，是唯一一个承认她没有编造事情的人，认为是她身边的成年人在撒谎。杜拉向分析工作者提出质疑，并告诉他这一切都是真实的！既然她已经告诉了他，他可以做些什么呢？换句话说，您能拿这个现实怎么办呢？对分析工作者来说，重要的是精神现实，即创伤是如何经历的，分析来访者又是如何处理的。这就是我们所说的"分析工作者的效应"（effectuation）。弗洛伊德向她指出，她所抨击的好像是一种混乱，但她自己也参与其中。至于她对周围人的暴力斥责，则暗示着她对自己也有着同样性质

1　同前，p. 23。

的斥责。弗洛伊德让她回到自己的历史中去积极参与，而不是置身事外。在一种平庸的态度中将自己视为一个被操纵的对象，只会加重她的抑郁，以及对他人和自己的怨恨。

有一些精神分析学家抨击弗洛伊德缺乏对女孩的共情。但是，如果一个人自己都不知道自己所处的境地，他人又如何设身处地地为她考虑呢？也因此，K先生简单的一句话就足以让杜拉崩溃。而弗洛伊德为她提供了激活无意识知识产物的可能性，使她能够通过揭示鲜为人知的真相来获得主体立场。正是这种对她所不知知识的承认，构成了对分析工作者和分析的移情。诚然，她并没有走到治疗的尽头，但从一开始，她就自愿参与到这种具有张力的治疗当中——除了周日，每天都接受治疗，这改善了她的精神状态。

弗洛伊德教导我们并证明，症状是用词在说话。与梦一样，症状也是句子构成的，这意味着他将使用与释梦同样的方法来解读神经症症状。他发现，语言赋予症状意义并带来解决方法。他在《精神分析引论》中写道："因此，症状有其意义，就像过失行为和梦，症状也像它们一样与罹患症状者的生活息息相关。"[1]
但要它们与生活关联，就必须正视神经症患者症状的
悖论，它源于性欲的欲望，但不是给主体带来简单的
满足，因为它是两种对立动机之间的妥协：一种动机
努力为局部冲动的表达提供空间，另一种则努力通过
压抑来对抗它。但被压抑之物的返回又对压抑产生阻
挠，于是被压抑之物以一种被原发过程的凝缩和移置
所扭曲的形式出现在症状中。原发过程的凝缩和移置，
用语言学术语来说，就是隐喻和换喻。

　　症状的隐喻结构在词与身体的相遇中产生意义。
弗洛伊德很早就发现了这种能指替换的逻辑，并在
《癔症研究》中举例说明。在治疗杜拉的过程中，他
出色地展示了这一点，他倾听杜拉讲述着突然来到她
脑海中的观念，这些观念不是作为信号（signe），
而是作为能指（signifiant）[2]。自童年起，她的身体
症状基本上集中在口腔部位和上半身。弗洛伊德一直

<hr>

1　Sigmund Freud, *Introduction à la psychanalyse*, p. 239.
2　从语言学中借来的能指在精神分析中因其与无意识的关系而得
到扩大。一方面它是由声音图像组成的元素，只在与另一个能指发
生关系时才获得意义，但是它也可能不是声音的：图像的、触觉的
或者是姿势的。对于主体而言，它有产生决定性效果的特征。

等到将这些症状解释为"谐音"（Witz）的那一刻，才表明这些症状的起源是与性相关的。

"她对父亲的控诉不断重复，翻来覆去总是那些话，而且咳嗽不止，我认为这种症状一定与父亲有关"[1]，他补充道：

> 很快，我找到一个机会通过幻想的性的情势来解释咳嗽的原因。当时杜拉又一次次强调，K夫人爱她的父亲只是因为他是个有钱人［……］。我意识到，由于她说话方式的某些特殊性，这个看法掩盖了它的反面，即她父亲没有钱。这只能是一个性的含义：我的父亲，作为一个男人，是无能的。[2]

弗洛伊德是根据德语中"财富"一词的语义（Vermögen 的意思是"财富"和"权力"）听到这个无意识的暗示的。当他向杜拉指出她父亲和K夫

---

1 Sigmund Freud, « Fragment d'une analyse d'hystérie (Dora) », in *Cinq Psychanalyses,* p. 32.
2 同前，p. 33。

人的暧昧关系与阳痿的父亲之间的矛盾时，她表示赞同，并说她猜测他们是通过纯粹的口腔性交来弥补这种性无能的。这通过嘴巴，通过口腔的途径，在她身上表现为口腔刺激的症状。于是，"咳嗽很快就消失了"[1]。

症状的消失是词的双关在起作用。拉康会再次提到这一点，将分析解释引向歧义性，就像诗歌中的歧义一样，这样就不用把过多的意义赋予症状，从而造成过重的负担，或者相反，将症状固定在一个单一的意义上。弗洛伊德揭示了症状作为性满足移情形式的意义，但他谨慎地指出，这并不是唯一的，因为并非所有症状都进入性幻想，并非所有症状都以隐喻的方式表达。我们必须小心谨慎，不能试图一蹴而就根除它。他举例说，杜拉8岁时的咳嗽表达了对她父亲症状的认同，她父亲患有严重的肺病。弗洛伊德写道，杜拉的咳嗽是要"向全世界宣告，'我是爸爸的女儿'"[2]弗洛伊德将咳嗽看作一种单一特质（einzeiger Zug），一种取自他人的特质。拉康将这一被自我攫

1　同前，p.34。

2　同前，p.61。

取的他人的单一特质翻译为"一划",作为情感关系的支撑,无论是憎恨还是爱。它的铭刻开始于主体历史当中体验过的"享乐",它是"享乐"留下的可记忆的印记。

移情没有被猜出

根据弗洛伊德,梦是靠两条腿走路的,仅仅是当下的强烈欲望是不够的。当下欲望是梦的开发商,但为了梦的启动,还需要投资者参与到必要的精神基础中。梦的基础上还需要有另一个欲望:来自童年的无意识欲望,那里是力比多投资的地方,但是排除了性交的享乐。拉康重提这个隐喻,进一步说:"我们有理由认为,主体给梦带来的东西与两元关系的因素是截然不同的,前者是无意识层面的,而后者则涉及他在分析中向着某人讲述着梦。"[1]

弗洛伊德是释梦的专家,这次却要失手了。他当然能分析梦的叙述所提供的元素,但却无法猜测梦给他带来的移情。第一个梦是关于房屋着火的,在对这

---

1 Jacques Lacan, *Le Séminaire*, livre IV, *La Relation d'objet* (1956-1957), Paris, Seuil, 1994, p. 134.

个梦的解析中，他责备自己忽略了开头的警告："我
忽略了这个警告，我以为我有足够长的时间［……］。
因此，移情［……］这个未知因素让我感到震惊
［……］。"[1]这个梦尤其引起了弗洛伊德的兴趣，
因为杜拉在湖边那一幕之后连续多次做了这个梦，并
且在治疗过程中再次做这个梦，显然是为了让弗洛伊
德这个解释者来解析。第二天，她给弗洛伊德带来了
一些补充性的东西：每天醒来时，她都会闻到一股烟
味，这意味着这是一个移情之梦。杜拉吸烟，她周围
的男人也是，但她是朝向弗洛伊德说"吸烟者"这个
能指的，这并没有搞错，因为它达到了目的，就是要
把弗洛伊德和K先生联系在一起。这无疑让弗洛伊
德想到，杜拉在某次分析过程中希望弗洛伊德有机会
吻她一下。这是严格意义上的反移情，因为它与病人
的移情运动背道而驰。弗洛伊德认同于K先生这一
事实本身就与杜拉对K夫人的欲望背道而驰。杜拉
害怕接吻。弗洛伊德知道这一点。她曾告诉过他一些
"可以作为性创伤的东西"[2]。她从未告诉过任何人。

1　Sigmund Freud, « Fragment d'une analyse d'hystérie
(Dora) », in *Cinq Psychanalyses,* p. 89.
2　同前，p. 18。

在她 14 岁那年，K 先生在自己的店里，关着百叶窗，紧紧抱住她，亲吻了她。女孩猛地逃离。她产生了强烈的厌恶感，这种厌恶感延伸到对某些食物的反感，她也承认了这一点。弗洛伊德猜测，这个吻肯定伴随着 K 先生勃起的性器官对她身体的压力。这种不愉快的感觉被转移并固定在喉咙区域，正如弗洛伊德所指出的，喉咙区域比下方区域更容易接受，后者必须保留在身体的无意识记忆中。值得注意的是，在随后的岁月里，她并没有对 K 先生有任何不满，而且欣然接受了他对她的所有关注。

在讲述第一个梦的第二天，杜拉说她忘了向他指出烟味的事，这表明确实是一个移情之梦。弗洛伊德认为，这个关于房子着火的梦"指示了与我个人的特殊关系"。他补充说："杜拉急于向我提供一些致病因素的材料，使我忘记了注意移情的最初迹象。"[1] 弗洛伊德说："在房子着火的这个梦里，她（在字里行间）警告我，她将放弃治疗，就像她曾经放弃 K 先生的房子一样。"[2] 但他认为自己还有时间。分析

1　同前，p. 78。
2　同前，p. 88。

工作者并不知道，在与语言的鲜活关系中，他对移情的参与产生了效应。我们还可以补充一点，病人提出的吸烟者的能指就是他的命运，因为这与他的死亡直接相关。1923 年，就在这个案例重新发表之际，也就是他自责没有猜到移情的那一年，他得知自己患上了口腔癌。

第一个梦几周之后，出现了第二个梦，这也是她最后一个梦。没有什么能逃过这位解梦达人的眼睛，但是移情的维度除外。他的解梦工作持续了两个小时，他对取得的成果表示满意。然而，杜拉却轻蔑地回答道："看来并没什么大不了的。"[1] 在弗洛伊德看来，这句话充满了新的启示。在 1900 年 12 月 31 日，在接下来的一次治疗中，杜拉以这样的话开场："医生，您知道吗，今天是我最后一次来这里。"她还说："我不想再等待治愈了。"[2] 弗洛伊德勇敢地坚持完成了最后一次分析，在此期间，他得知病人在两星期前就决定停止治疗。两个星期让他自发地联想到"女仆或家庭教师发出的离开通知"[3]。这让杜拉想起了家庭

1　同前，p. 78。

2　同前。

3　同前。

教师向 K 先生发出通知的那件事。她忘了说，为了引诱家庭教师，让她屈服于他的性要求，K 先生也说了他在湖边说过的话："我的妻子对于我来说什么都不是。"

弗洛伊德随后被告知了湖边一幕的细节。虽然他并未被这种解释说服，从而认定就是它导致杜拉后面的崩溃，但是他把杜拉的耳光解释为"报复的姿态"，是她被当成家庭教师或女仆，自尊受到伤害的反应。这一点并不准确，因为杜拉身处大资产阶级家庭，她不会把自己与家庭教师或女仆混为一谈；她毫不犹豫地打了一个比她年长二十岁的男人的耳光，也毫不犹豫地关上了弗洛伊德教授的门。弗洛伊德再次坚持：K 先生是杜拉离开后想再见的男人。她同意了，这让弗洛伊德大吃一惊，他大胆地补充道："他本可以让你得到你想要的满足。"[1] 杜拉脱口而出："什么满足？"杜拉一生都是一个不满足的女人，她的婚姻也经历了不忠实的丈夫的出轨。这个词对她来说有什么意义呢？她同意被 K 先生所欲望，但条件是剥夺他的满足。因此，她平静地听着弗洛伊德的话，没有反

1　同前，p. 80。

驳，反而向他表达了"最温馨的祝愿"[1]，并以最友好的方式离开了他。

错在哪里？

是什么让这么一句简单的话——"我的妻子对我来说什么都不是"将一出迄今为止还算轻松有趣的喜剧变成了悲剧？在对杜拉个案的叙述当中，弗洛伊德回忆起他与其父亲的对话，当时这位父亲嘱咐他给自己女儿治病。他在说这些的时候，并没有完全隐瞒与 K 夫人之间的关系，而实际上他们的关系可能是更加灼热的。现在我们看到了弗洛伊德解开谜题的线索：杜拉父亲的话与 K 先生的话之间的重合，只能把杜拉带到她在这些三角关系中给自己定位的荒谬当中——她不过是这两个男人之间用来做交易的筹码。带着敏锐的洞察，弗洛伊德发现杜拉参与了父亲的风流事件，而她感兴趣的战略立场是占据父亲和 K 夫人之间的位置。治疗结束后，当他撰写案例报告记录时，他对情况恶化作了如下分析，"她不能不嫉妒父

1　同前，p. 82。

亲对这个女人的爱"[1]，弗洛伊德认为她感受到一种类似于男人感受到的嫉妒。

拉康多次回到这个案例，为了确认弗洛伊德自己承认的错误：他在表达希望杜拉与 K 先生幸福的愿望时，忽略了主体的表里不一以及爱与认同之间的分离。他把 K 先生作为爱的对象，而对杜拉的自我而言，K 先生是她认同的对象，正是在这个认同的位置上，她发现 K 夫人是可欲望的。她认同 K 先生是为了爱 K 夫人，她赞美 K 夫人"令人陶醉的洁白身体"。这就是"癔症造就男人"这句经典名言的含义。杜拉只有表现得像个男人，否则无法将身体之实在性化。这并不是说她要以男性的外表示人，而是说她要以男人的方式展示和炫耀石祖（phallus），她假装是个男人来接近性。她会在归属于父亲的欲望中寻找她神秘的欲望，并支持他。是她支持了父亲与 K 夫人的关系，如果父亲的性无能还不足够的话，她将引入 K 先生的阳刚形象。

为了维持对 K 夫人的爱慕之情，杜拉认同了 K 先生这个强大而充满欲望的人物，但条件是 K 夫人对

1　同前，p. 45。

K 先生来说并非一无是处。对 K 先生来说，就像对其他男人一样，K 夫人必须是欲望的对象。如果他的妻子对他来说什么都不是，那么他对她又是什么呢？[1] 在她对 K 夫人的爱慕背后，可以听到杜拉的疑问：女人是什么？ K 夫人，这个朦胧的欲望对象，为她揭开了女性的神秘面纱。她将自己依附在父亲所爱的另一个女人身上，竭力想要给出女性特质（féminité）的具象。她无法接受自己成为男人的欲望对象，但她可以策动父亲与情妇之间的情感纠葛，甚至不惜照看 K 家的孩子，为他们不停上演爱情舞蹈和交换礼物提供便利。通过这种方式，她在大他者的欲望中找到了支持。

弗洛伊德警告说："只有在治疗接近尾声时，才能一目了然地讲述一个连贯的故事。"[2] 当然在事后也是如此。这既体现在弗洛伊德及其后几代分析工作者的分析中，也体现在我们对病人未来的了解中。

1　Jacques Lacan, *Écrits,* p. 224.
2　Sigmund Freud, « Fragment d'une analyse d'hystérie (Dora) », in *Cinq Psychanalyses,* p. 10.

解　结

　　我倾向于认为，在杜拉的余生中，她能从这一分析行为中受益，因为它产生了主体。杜拉一生中第一次，或许也是最后一次，有幸遇到弗洛伊德这个人，他相信她所说的话，承认她的话语作为认识欲望的功能价值，并让她参与到对自己真相知识的探索中。进入弗洛伊德分析室时的杜拉情绪低落，对生活不再有任何兴趣，她被当成了一个编造爱情故事的疯女人。治疗后发生了什么？让她的生活都变得艰难的咳嗽和失语症状消失了，不仅如此，她还以有利于自己的方式结束了这段生活。

　　在她突然离开的 15 个月以后，1902 年她回去见了弗洛伊德。她告诉他，在治疗之后的好几个星期里她感觉"翻天覆地"[1]，但之后逐渐平息。弗洛伊德写道："她报复 K 家人，同时也与他们和解。她对自己的处境进行了有利的收尾。在她的压力之下，K 夫人承认了与她父亲的关系，并且逼迫 K 先生也承认了湖边一幕的真实性，并且将这一消息带给了她父

1　同前，p. 90。

亲，这使杜拉恢复了名誉。"[1] 然后，她就不再在意他们。

弗洛伊德的分析结论如下："自这次造访后，多年过去了。这个女孩已经结婚了［……］第二个梦实际上宣告她将脱离父亲，重新开始生活。"[2] 然而，1922 年，她咨询了维也纳精神分析协会会员、精神科医生菲利克斯·道奇（Felix Deutsch）。后者在一篇题为《癔症分析片段的加注》[3] 的文章中报告说，他曾接诊过这位病人，他认出她就是杜拉，她有一些躯体症状，并且不停抱怨夫妻生活让她感到恶心，医生很快平复了她的情绪。在第二次治疗中，她谈到自己不快乐的童年，因为她的母亲有清洁神经症（洁癖）。她说自己也是个清洁狂人，沉溺于各种清洁仪式。道奇医生把她描述为"极难应对的癔症患者"。然而对癔症感兴趣的弗洛伊德并不同意这种说法：

1　同前，p. 91。

2　同前。

3　Felix Deutsch « Apostille à un fragment d'une analyse d'hystérie », *Revue française de psychanalyse*, XXXVIII, 1973, pp. 407-414.（菲利克斯·道奇是著名精神分析家海伦·道奇的丈夫，因此菲利克斯·道奇对精神分析运动和历史非常熟悉，在遇见这个病人之后，他撰写了这篇关于杜拉个案的后续。译注。）

"我们现在知道，我们要正视癔症患者对医生和研究者提出的要求，不是嗤之以鼻，以轻蔑的态度对待他们，而是要对他们进行深入的研究，要对癔症患者抱有同情心。"[1]杜拉基本没有停止对她的丈夫施加嫉妒暴政。20世纪30年代，她的丈夫去世了，之后，她继续过着世俗名流的生活。他们的儿子库尔特·赫伯特·阿德勒（Kurt Herbert Adler）生于1905年，先后成为旧金山歌剧院的指挥家和院长，并将该剧院推向国际。1938年，艾达逃往美国避难[2]，在那里，人们还发现杜拉与她亲爱的佩皮娜·泽伦卡（Peppina Zellenka，即K夫人）一起参加桥牌比赛，后者已与丈夫离婚。与母亲一样，她在1945年也死于结肠癌。这些传记的补充并没有真正增加我们的知识，而是以一种令人惊讶的方式强调了短短几个月的分析所揭示的内容。

---

1 Sigmund Freud, « Fragment d'une analyse d'hystérie (Dora) », in *Cinq Psychanalyses,* p. 8.
2 艾达，即杜拉，艾达是其真名。艾达为躲避纳粹对犹太人的迫害，逃往美国。译注。

为什么取杜拉这个名字？

当弗洛伊德写个案时，他会以病人在移情过程中表现出的一种症状特质来命名这个病例。杜拉是第一个，之后还有其他个案。作为一名严谨的分析工作者，他自问为什么要用这个名字来命名这个临床案例。他在《日常生活的心理病理学》中给出了答案：

> 我自问要给她取一个什么样的名字。[……] 一个单独的名字出现了，完全没有伴随其他的想法：杜拉。我寻找着它的出处。谁叫杜拉？我脑海里出现的第一个念头，[……] 我不可思议地发现这是我姐姐家保姆的名字。我吃惊于大家都叫她杜拉，其实她叫罗莎，这是她为我姐姐服务时放弃的名字，因为我姐姐也叫罗莎。[1]

他没有进行解释。然而，"保姆—女仆—管家"的能指是故事的核心。艾达·鲍尔愿意做看孩子的保

---

1 Sigmund Freud, *Psychopathologie de la vie quotidienne*, p. 258-259.

姆，为她的爱情故事奠定了基础。当她提出离开弗洛伊德（给弗洛伊德放假）时，弗洛伊德自己也认同于那些被给予两周假期的小职员。

由于附着于传统男女关系的理想，弗洛伊德失去了分析工作者的位置，而他本可以在这个位置上理解女病人的无意识动机。他让自己被自己的表象所引导，他想象着"为了她好"的东西，但实际上这些都是他自己偏见的反映，因此他没能及时猜到。直到事后他才意识到，技术工作中最重要的部分还没有解决，他承认："我没能及时掌握移情。"[1]

这段历史也表明，人们试图为了缓和病人们的冒险倾向，以"为了病人利益"为借口，帮他们确定方向，这是多么具有诱惑性。不过，我们对作为年轻分析工作者的弗洛伊德的批评也不要走得太远，也许发现 K 夫人是她的同性爱对象确实会获得杜拉的合作，但他的错误也让我们更加谦逊：没有分析工作者能够避免会导致治疗必然破裂的挑战和报复。假定弗洛伊德对分析有一定的了解，并高度重视他的经验，我们

---

1 Sigmund Freud, « Fragment d'une analyse d'hystérie (Dora) », in *Cinq Psychanalyses*, p. 88.

将赞同他在杜拉个案的结论中提出的可算计之物的限度："在各种动机的冲突中，我们永远无法计算出决定会倾向于哪个方向。"[1] 有哪位分析工作者能声称自己可以计算出压抑的程度、享乐导致的主体的过激指数、复仇激情的化身形式或自恋旧伤的攻击性的复发强度？谁又能说自己在这些不可抗拒、无法驯服的激情面前是不可战胜的强者呢？弗洛伊德说，要遏制它们，分析工作者的精神影响是有界限的，因为"任何像我这样唤醒人类灵魂深处尚未完全驯服的最可怕恶魔并与之战斗的人，都必须做好在这场战争中不能幸免的准备"[2]。

对一个强迫性神经症个案的评论：鼠人

分析是一个游戏，因为它本质上遵循

1　同前，p. 82。
2　同前。

一个规则。[1]

　　癔症开启了通往无意识的道路。对弗洛伊德来说，癔症仍然是神经症的核心，因此他认为强迫性神经症（Zwangsneurose）是"癔症语言的方言"[2]。这时，一个悖论出现了：强迫性神经症的语言更接近于意识的思想，最重要的是，它不存在"这种从精神到躯体神经支配的飞跃"[3]，看起来应该更容易理解；然而，它却比癔症的语言复杂得多。弗洛伊德坚信，研究强迫性神经症"比研究癔症和催眠现象更能阐明我们对意识和无意识本质的认识"[4]。对《鼠人》的分析尤其具有启发性：

　　我们知道，强迫症看起来要么毫无动

1　Jacques Lacan, *Le Séminaire*, livre XII, *Les Problèmes cruciaux pour la psychanalyse* (1964-1965), séance du 19 mai 1965, inédit.
2　Sigmund Freud, « Remarques sur un cas de névrose obsessionnelle (l'Homme aux rats)», in *Cinq Psychanalyses,* p. 200.
3　同前。
4　同前，p. 247。

机，要么荒诞不经，就像我们夜间梦境的内容一样。强迫症强加给我们的首要任务就是给它们赋予意义，给出它们在个体精神世界中的位置，从而使其变得可以理解，甚至显而易见。我们永远不要让自己在翻译强迫症的过程中被其表面的不可解性困扰。只要我们对强迫症进行正确的研究，再荒谬、再奇怪的强迫症也能迎刃而解。[1]

在强迫性神经症中占主导地位的不是等待被挖掘的秘密，也不是像癔症那样的相互暗示的游戏，而是在其症状表现的形象的多重性中对思想的强制。在这个移情具有独特性的治疗中，我们有机会亲身现场体验"猜出移情"的游戏。

游戏规则

"试图从书本上学习国际象棋这一严肃游戏的人很快就会发现，书上只对开头和结尾的动作有完整的图示性描述，但是游戏一旦开始了，其巨大的复杂性

---

1 同前，p. 220。

使得任何的描述成为不可能。"[1]弗洛伊德热爱游戏。他玩塔罗牌、国际象棋、猜谜和解谜团。因此，在描述分析治疗的框架时，他不仅谈论游戏，而且也热衷于谈拼图（puzzle）、谜题和棋盘游戏，这绝非偶然。在谈论移情时，他还是用了"竞技场"来进行描述。他用来控制重复性强迫的主要手段是在分析治疗的框架内，将其限制在移情的"循环"范围内，他说："我们允许他进入移情，这个竞技场。"[2]

在英语中，puzzle 就是"谜"的意思。除开弗洛伊德对游戏的个人喜好之外，精神分析的理论是否也可以归结为一种关于精神的游戏理论呢？让我们花点时间来拓宽这一视角。"猜测"（erraten）之光的指引，能让我们更好地做好准备重读《鼠人》。

游戏在人类活动和文化中占据着主导地位，而在严肃的精神思考中，这一地位是被轻视与淡化了的。弗里德里希·冯·席勒认为，人只有在游戏时才是完

---

1 Sigmund Freud, « Le début du traitement » (1913), in *La Technique psychanalytique,* p. 80.

2 Sigmund Freud, « Remémoration, répétition, perlaboration » (1914), 出处同前, p. 113。"竞技场"(Arène, *Tummerplatz*) 在这里使用，取其流通、循环的意义。

整的人。我们必须假定，游戏和谜语一样，只是众多游戏中的一种，是司法、哲学、诗歌和宗教等更高级社会组织形式的起源。这至少是约翰·赫伊津哈的论点，他在其著作《游戏的人》中指出，"无论我们是否愿意，认识游戏就是认识精神世界"[1]。游戏处于人类日常的边缘地带，但它却完全吸引了游戏者，游戏不是必需品，但它具有精神气息，是摆脱了绝对决定论和理性的自由活动。它以虚构代替理性，摆脱了物质利益或功利性，但这并不是说它摆脱了一切规则，恰恰相反：它是在特定的时间、精确的空间、严格的秩序和既定的规则下展开的非生即死的活动（agonale）[2]。这里的行为全然不同于日常生活，我们能意识到这种紧张和喜悦的感觉与这样的事实有关联：这是一场除了自身之外没有任何实际目的的战斗。

让我们来看看下面的定义："游戏是一种自愿的行动或活动，在某些固定的时间和地点范围内，根据自由同意但完全强制性的规则完成，其本身有一个目

1　Johan Huizinga, *Homo ludens,* p. 19.
2　源自 agôn, 希腊语词，意指在节日和竞争的维度上展开的嬉戏氛围。

的，伴随着一种紧张和快乐的感觉。"[1] 这一定义也可以完美适用于精神分析治疗游戏的规则及其框架。"治疗的设置和框架"经常被讨论，英文中被称为"setting"。弗洛伊德使用了游戏的隐喻，并不仅仅是因为他喜欢游戏，也是因为治疗是在有限的时间、在某个指定空间之内按照一定的规则进行的。游戏的内容包括邀请病人让一切都像偶然（*Einfälle*）发生的那样随心所欲，邀请他说出一切来到脑袋里的东西，因为冒着说任何话的风险，他最终会在不假思索的情况下说出自己想到的东西。作为回报，分析工作者承诺悬置判断，以"中立"的态度倾听，即中性、不是非此即彼的、不偏袒任何一方，这当然不容易，但却是给意外和惊喜一个机会的必要条件。

在《治疗的开始》[2]（1913 年）一文中，弗洛伊德用非常形象的方式表达了他对分析游戏规则的理解。病人必须表现得像一个旅行者，描述从他眼前看到的火车窗外掠过的风景。但在分析工作者的一方也有对应的规则。分析工作者通过将自己安置在角落

1　Johan Huizinga, *Homo ludens*, p. 58.
2　Sigmund Freud, « Le début du traitement », *La Technique psychanalytique*, p. 80-104.

里，从病人的目光中抽离出来，并悬置所有的批判性评价。正是在这种条件下，他才能够"猜测"，让偶然（*Einfälle*）出现。对于分析来访者全身心投入敞开语言的义务，分析工作者以自由倾听和游戏式的关注作为回应，这让无意识记忆获得自由。这意味着放弃既定的知识与参考性的知识，从而向文本的知识、字母的知识敞开大门。这样的放弃允许他在倾听的漂浮之网中捕捉到声音的转折，捕捉到病人在不知中制作的从一个字母到另一个字母的滑动，捕捉到对能指的阅读，分析工作者在其中揭示出歧义特质。让这一规则发挥作用是治疗的唯一强制因素，没有它，分析就根本不可能进行，因为弗洛伊德对强制力和 *Zwang* 的发现直接暗示了这一规则的存在。

像所有有着全新的东西要传授的人一样，弗洛伊德是谨慎而谦虚的。他警告说，他的演讲既不是无可指责的，也不是范例榜样。尤其是在讲述临床个案时很难不暴露病人。他并不打算把一切都说出来，但他指出了一个悖论，指出这是临床发表的困难。他指出，在公众面前揭露病人最隐私的秘密（让人无法辨认的秘密）其实上很容易，而病人身上最无害、最普通、最为周围人所熟悉的特征反而更会暴露病人的身份。

从这个个案的第一行开始，弗洛伊德就"零碎地描述了一个强迫性神经症个案的历史"[1]，在这个病例中，心理的强迫主导了临床表现。这就是《五种精神分析》中的第三个个案研究。

恩斯特·兰泽（Ernst Lanzer）是一名29岁的法学博士和预备役军官，他于1907年10月1日开始接受治疗，并于1908年9月中旬完成治疗。从他承受的痛苦来看，他的症状相当严重。某些人认为他属于边缘性或精神病的个案。然而，他从未将自己的强迫解释为来自外部主体，即来自把他当作玩物的外部主体，而是将其整合在自身最隐秘之处。弗洛伊德将此作为强迫性神经症的范例，他认为强迫性神经症对我们理解无意识过程最有意义。

我们有幸得到了一本《分析日记》，其中汇集了弗洛伊德在治疗开始时所做的笔记，从1907年10月1日到1908年1月20日，除周日外每天都有。这些笔记尽可能忠实地记录了病人所说的话和弗洛伊德的干预，都是在晚上撰写的。实际上，弗洛伊德不

---

1 Sigmund Freud, « Remarques sur un cas de névrose obsessionnelle (l'Homme aux rats) », in *Cinq Psychanalyses*, p. 199.

建议精神分析工作者"在治疗时间里同时记录病人所说的话，因为分散医生的注意力对病人的损害，远大于由观察报告准确性提高带来的好处"[1]。他给这个病人取名为"鼠人"，原因来自他在加利西亚参加军事演习时偶然出现的一个折磨人的幻想。

这一幕发生在大演习期间。在一次中途休息时，他坐在两名军官中间，其中一名军官是上尉，带有捷克口音，让他感到某种恐惧，因为"显然这位军官喜欢残忍"[2]，他讲述了在东方实施的一种酷刑，即引导老鼠钻进受刑人的直肠。这段描述让病人的脸上浮现出"对他来说是享乐的恐怖"[3]，这让他担心这种酷刑有一天会施加在他最亲爱的两个人身上，即他的父亲（当时这位父亲已经去世，被减缩为一个想象的形象）和他心仪的女士。在这次行军暂停中，他还弄丢了他的"夹鼻眼镜"——对于这个承认有偷窥冲动的主人公来说，这是一个具有象征意义的客体。为了不耽误行军，他决定不去拿回它，而是发电报给他的维也纳眼镜店，让他们再寄一副给他。当他收到眼镜

1　同前，p. 202, note 1。

2　同前，p. 206。

3　同前，p. 207。

时，那位著名的残忍上尉却错误地告诉他，他欠了钱，因为负责邮政事务的一位中尉帮他垫付了邮资。正是围绕着这种债务和偿还的想法（而这种债务其实是在某些毫无意义的约束和命令框架内的），他的危机不可避免地发展起来，并且让他来找弗洛伊德。

我将仅从这一著名的、篇幅特别长的论述中摘录一些片段，揭示这一"建议"（*Rat*）（重音放在最后的"t"上）[1]价值的不同阐释及其在移情中的表现。我的假设是：在杜拉的分析个案之后，"猜出（*erraten*）移情"的规则一直滞留于幕后，正是在"鼠人"的治疗中这一规则才付诸实践。

弗洛伊德鼓励分析工作者在必要时可以延长他们的初始访谈，但对这位病人来说，这个阶段仅持续了二十四小时。这段时间里形成了诊断思路，并作出这位年轻人是否适合接受精神分析的判断。"第一次治疗"从第二天开始。治疗的频率、时间、使用躺椅的方式和治疗框架都已商定。"在治疗过程中，病人唯

---

1 作者故意使用了"rat"的双关，表示这里既要注意"rat"的"老鼠"的意义，也要注意下面论述中作为移情方法的"建议"。法语里 rat 的"t"是不发音的，作者强调这里的"t"发音，所以此处的 rat 是德语词"建议"。译注。

一要遵守的条件"就是同意以下规则：想到什么就说什么，哪怕是痛苦的，哪怕他的想法看起来不重要、毫无意义、与治疗目的无关。[1] 因为接受了不思考自己所说的话，冒着说蠢话的风险，你最终会在不知不觉中说出自己的想法；你会被自己无意识的想法吓一跳，因为正如拉康好几次在他的研讨会上所说的："我在我不在的地方思考，因此我在不思的地方存在。"（Je pense où je ne suis pas, donc je suis où je ne pense pas.）[2] 我曾听说，这条规则的阐述可以被省略，这是令人遗憾的，因为精神分析工作者正是从阐述这条规则开始定位治疗的，同时把每一次对这条规则的违反——病人的沉默、联想的停顿、将注意力集中在分析工作者身上，都视为"阻抗"继续治疗和揭示隐藏意义的表现。另一方面，只要这条规则还在起作用，病人的犹豫不决、表达方式的细微变化、用词的歧义性、故事重复中的错误或变化，都会成为精心守护的秘密即将曝光的征兆。

奥托·兰克（Otto Rank）负责将周三晚上的聚

1　同前，p. 202。

2　Jacques Lacan, « L'instance de la lettre dans l'inconscient ou la raison depuis Freud » (1957), in *Écrits*, p. 517.

会讨论记录在《维也纳协会的会议记录》中，根据他的说法，弗洛伊德在 1907 年 10 月 30 日的会议上介绍了这个强迫性神经症个案，并认为这是一个历史性时刻，因为治疗完全是凭借自由联想技术开展的，并将这一技术作为唯一的条件。

移情的纽结

我们可以说，移情之结一上来，在治疗开始之前就已经打好，例如杜拉的个案。只不过现在的这位病人是在翻阅了弗洛伊德一本书，即《日常生活的心理病理学》之后才产生了接受分析的念头。这本书让他相信，他的怪癖是可以解释的，那些荒诞的症状会在他的性生活和欲望中找到意义。因为了解一些弗洛伊德学说，这让他一开始就谈到了自己的性欲。移情之结还有另外一个特别重要的特征。这位病人决定去看医生，想获得一份医学证明，证明总是在各种想象的疯狂场景中偿还债务。而当他开始与弗洛伊德的工作，后者就特别强调这个谈话不会给出医学证明。在这一时刻，当主体的要求目标转变为了解自己与症状关系的愿望时，移情的结就打上了，分析的承诺也就做出了。通过接受无意识的假设，他假定弗洛伊德的知识可以解决他所制造的"无稽之谈"。

在整个分析过程中,分析工作者和分析来访者以一种惊人的方式相互陪伴,病人的联想和弗洛伊德生活中的元素之间产生了像炼金术般的奇妙巧合。比如,兰泽的名字是恩斯特,而为了纪念自己的老师恩斯特·布吕克(Ernst Brücke),弗洛伊德以这个名字命名了他的长子。至于那位"让他心仪的女士"的名字,恰好也是弗洛伊德的初恋情人的名字——吉塞拉·弗鲁斯(Gisela Fluss)。当兰泽最后说出这位女士的名字时,弗洛伊德在日记中写下了它,并在后面打了几个感叹号。正如我们将看到的那样,婚姻中固有的困境,无论是为了爱情还是金钱,对弗洛伊德来说都不陌生。恩斯特是否知道,在弗洛伊德搬到伯格街 19 号之前,弗洛伊德的第一个神经病理学诊所就在市政厅大街 7 号(*Rathausstrasse*)[1]?在这一治疗过程中,有一种移情性的共鸣贯穿于最困难的运作

1　弗洛伊德对"鼠人"的分析中,详细解释了围绕着"老鼠"(Ratten)这个核心能指,患者的幻想和症状的展开。作者解释了"老鼠"(Ratten)这个能指在弗洛伊德那里唤起的对移情的猜测(erraten),这个回响影响和决定了分析工作的走向,这一系列的能指链的发展,译者均用斜体标出。译注。

中。弗洛伊德对这种神经症结构所带来的谜团非常着迷。如前所述，他认为强迫性神经症是"最有趣、最富有成果的分析研究课题"[1]。

在一个月的治疗之后，他在一些维也纳精神分析协会的成员面前提起了它。六个月后，1908年4月27日，在萨尔茨堡举行的第一届精神分析大会期间，他用了五个小时向听众们详细讲述了这个个案及其治疗的发展过程。在撰写个案报告过程中，他写信给卡尔·G.荣格："与鼠人的工作是独一无二的。对于我来说，他尤其困难，它超过了我描述的能力，除了最亲近的人之外可能不会有人理解。我们的成果真是一种浪费，我们把这些伟大的天然的精神艺术作品分析成碎片是多么可悲啊！"[2]然而，这些艺术品乍看之下确实是很难被欣赏的。

恩斯特·兰泽回忆了他的青春期和情感幻灭的过程，这是他人生中遭受的第一次巨大打击。他不假思索地谈到了他的性生活，并回忆起了他的家庭教师罗

1　Sigmund Freud, *Inhibition, symptôme et angoisse* (1925), Paris, Puf, 1968, p. 35.

2　Sigmund Freud, Carl G. Jung, *Correspondances (1906-1909)*, lettre du 30 juin 1909, p. 317.

伯特小姐，与她一起的生活加剧了他早期对性的好奇。令弗洛伊德惊讶的是，他称呼家庭教师时用的是她的姓，而在维也纳的资产阶级家庭中，家庭教师通常是用名来称呼的。他认为这种对姓的优先记忆是一种同性恋元素的迹象。在继续分析过程中，病人提到了另一位家庭教师，这次是直呼其名，罗莎小姐，他与她在一起时有些过分亲昵和放纵。之后，他出人意料地开始向弗洛伊德讲述这位家庭教师的命运："23岁时，她已经和情人有了一个孩子，但几乎没有机会见到她的情人。不过，后者后来娶了她，她现在是一位身居高位的公务员的妻子。"[1]虽然《五种精神分析》中关于"鼠人"的文字通常不如《分析日记》中的精确，但在这一点上却恰恰相反。弗洛伊德事后觉得有必要明确说明与罗莎小姐结婚的公务员的头衔，于是写道："［……］她已经有了一个孩子，孩子的父亲后来娶了她，所以她现在是枢密顾问官的妻子（Frau Hofrat）。"[2]弗洛伊德在这里抄录了他在日记中没

_____

1 Sigmund Freud, *L'Homme aux rats, journal d'une analyse* (1909), Paris, Puf, 1974, p. 38（以前已被弗洛伊德烧毁，但后来偶然又重新找到的脚注）.

2 同前，p. 203。

有提及的头衔，通过谐音，它在病人的能指链中占据了一席之地。在这次谈话中，罗伯特小姐的名字提醒了弗洛伊德的耳朵，他丝毫没有注意到罗莎小姐，以至于恩斯特·兰泽还没跟他谈完罗莎，弗洛伊德就向他提出了一个关于罗伯特小姐的问题："我想听你再谈谈罗伯特小姐，想知道她的名字。"但没有用，因为病人说他已经忘记了。

弗洛伊德一直想让他的病人理解其惊讶，并在某种程度上与之分享这种惊讶，他问病人，你忘记了名字只记得姓氏，不应该感到惊讶吗？在他的叙述中，他声称正是这种对名字的遗忘和对姓氏的矛盾情感，让他发现了强迫性神经症中的同性恋倾向。因此，我们有理由问，他是否只是有意寻找可能验证理论假设的因素，从而对其他更隐蔽的因素充耳不闻？比如在病人的话语中不断触及关于罗莎小姐的事情。事实上，他关于罗伯特小姐的观点是很有趣的，但与后面将要揭示的内容相比，要逊色得多。

也是在这第一次分析中，病人的一个故事片段出现了，弗洛伊德对此非常重视。他从中看到了"鼠人"神经症的开端。兰泽向他吐露，在童年的同一时期，他曾有过一种病态的想法：他觉得父母知道他的所想。对此，他只能假设实际上是自己大声说出了这些想法，但他自己却没有听到。然而，在弗洛伊德对第六次分析的间接记录中，兰泽再次提到了这种想法，弗洛伊德写道："［……］他担心父母会猜出（erraten）他的想法。"[1]此时病人的想法是观看裸体女人，尽管他对性欲感到不安和恐惧。弗洛伊德在评论这种妄想类型的心理形成时，提出了这样的假设，即"我说我的想法，却听不到自己的声音"，不过是对无意识心理现象的一种预感，它们只是感觉上很奇怪，实际上是他在这些想法中认出"我们在不知不觉当中产生一些假设，而这些假设被投射到了我们的外部"[2]。因此，他认为病人的心理功能理论与他自己的理论相似。在某种程度上，他们是同道中人。

猜出移情

第二次分析将对移情起决定性作用，因为它"必须被猜出"。在这次谈话中，病人艰难地表达了自己的幻想——老鼠钻入肛门的酷刑，这使他获得了"鼠

1　同前，p. 73。
2　同前，p. 205。

人"（*Rattenman*）的化名。兰泽准备讲述那强迫性残害的场景，但是正当他要讲述那个残忍的上尉是如何描述用老鼠进行恐怖惩罚的时候，他打断了自己的讲述，从沙发上站起来，要求弗洛伊德让他省略这些细节。然而，弗洛伊德没有同意这个请求。弗洛伊德向病人保证，他并不残忍，也不想折磨他，但他不能免除病人要克服阻抗的义务——这是治疗的当务之急。他告诉病人："我无法免除你在我权力之外的东西。"[1] 弗洛伊德强调，他们两人都要被迫服从语言的命令，甚至在他们行使任何控制之前，语言就构成了他们的主体。正是这样才产生了基本规则：主体被要求放弃他对符号的虚幻控制，因为他不是他说话的原因，而是他说话的结果。我相信，这一阐述比任何其他的阐述更能回答精神分析是什么的问题。弗洛伊德接着说："我会尽我所能去猜测（*erraten*）他到底在暗示什么。"[2] 虽然，无论如何他都不能让病人不说，但他自己还是会尽最大努力猜测病人想让他听见

1　Sigmund Freud, *L'Homme aux rats, journal d'une analyse*, p. 43. 在历时三个月的每次分析之后弗洛伊德都做了笔记，这些笔记的出版让我们能深入精神分析探险的核心。

2　同前。

什么。

　　兰泽杂乱无章、含糊不清地坦白了一切，表现出种种阻抗的迹象和"对他自己都不知道的享乐感到恐惧"[1]。尤其涉及另一个幻想时，这些折磨更加难以触及，因为在他的一个幻想中，他让自己身边的人遭受了这种折磨。弗洛伊德在《分析日记》中写道，"我很快就猜到这个身边人是那位他心仪的女士"[2]——他的心爱之人、他所关心的对象，被他的症状围绕着。

　　此时我们能回想起拉康提出的一个问题："在某种程度上，人类背后隐藏的那种无意识偶然性是什么？"[3]在这里，我们不禁询问，究竟是什么样奇怪的偶然才让弗洛伊德口中的这个"猜测"（*erraten*），落入病人的能指链中？当弗洛伊德告诉他的病人，他将尽力去猜测他无法说出的话时，"猜测"是他熟悉的一个词，他知道这个词的含义，但这个词同时也出乎他的意料，作为一个闯入者，带来了他并未寻求的

1　同前，p. 45。

2　同前。

3　Jacques Lacan, *Le Séminaire*, livre II, *Le Moi dans la théorie de Freud et dans la technique de la psychanalyse*, p. 345.

效果。弗洛伊德不知道，他挑起了"猜测"（erraten）和"老鼠"（Ratten）之间的碰撞，正中兰泽的能指之结的要害。他曾在另一个场合指出，"可以这样说，在那个上尉的描述中，是命运投下了一个让其情结异常敏感的词［……］"[1]。

分析解释

拉康从弗洛伊德使用的词"命运"当中汲取灵感，将其替换为"星座"——支配主体的出生、命运的史前史，即基本的家庭关系[2]。在这个星座中，有两个形象对病人起着重要作用，一个是父亲未偿还的债务，另一个是支配其父母结合的利益婚姻。

债务

兰泽丢失了"夹鼻眼镜"，于是他又订购了一个，但是他收到了新货品这事却给他带来了巨大的麻烦。他在自己强制性的誓言扰动下，不得不向支付邮费的

1　Sigmund Freud, « Remarques sur un cas de névrose obsessionnelle (l'Homme aux rats) », in *Cinq Psychanalyses,* p. 240.

2　Jacques Lacan, « Le mythe individuel du névrosé ou poésie et vérité dans la névrose », texte établi par Jacques-Alain Miller, *Ornicar ?*, n° 17-18, 1978, p. 290-307.

人偿还债务。分析发现，这个异化的、骚扰性的债务指的是父亲的赌债。在父亲的军旅生涯中，作为一名军士，他把他保管的军队的钱都赌光了。多亏一位朋友的帮助，他才保住了自己的名誉和事业。而这位朋友借给他的钱，他却从未偿还。兰泽认为，上尉劝他支付夹鼻眼镜的费用是在暗示父亲的过错，因此他担心老鼠的刑罚适用于他父亲。

在 11 月 29 日的治疗中，弗洛伊德玩味着"老鼠"这个词的各种说法；在治疗结束前它们都一直在四面八方涌动着，这让"鼠人"一直处于近乎谵妄的强迫状态的枷锁之下，"他把自己变成了一个名副其实的老鼠币制"[1]。正因此，在第一次治疗时，当弗洛伊德确定费用时，兰泽就曾想过"有多少个弗罗林，就有多少个老鼠"，因为"老鼠"（*Ratten*）和"分期付款"（*Raten*）这两个词的拉丁语发音没有区别。

他被父亲的"赌老鼠"（*Spielratte*）的债务所迷惑，用老鼠货币（*Rattenwährung*）支付赌债。而在性方面，老鼠沦陷在令人头晕目眩的阳具象征符号的等价物当

---

1 Sigmund Freud, *L'Homme aux rats, journal d'une analyse*, p. 238.

中，并通过欲望的换喻客体成倍地复制：众所周知，老鼠是疾病的传播者，它成为阴茎感染梅毒的象征符号。然后，通过对患者童年时期肠道中蛔虫的记忆，他将阳具的含义与肛门色情联系起来，表现为将老鼠强行塞入肛门的幻想。兰泽的强迫公式变成了"如此多的交媾，如此多的弗罗林"，这是一个捕鼠的计量方式，主体将自己适用其中。在这一过程中，"通过移情的痛苦之路"[1]，他确信了自己对父亲的仇恨的无意识存在。攻击性的张力是这种神经症的根源和结构，在这种张力之中，"对同一个人的爱与恨之间的斗争汹涌澎湃"[2]。对此，弗洛伊德提供了一些相当有趣的例子。

联盟和错误的联姻

在《对一个强迫性神经症的评论》中，弗洛伊德在题为"父亲情结及对老鼠强迫症的解决"的一章中指出，所揭示的材料通过与"结婚"（*heiraten*）有关的屏幕联想在老鼠主题的背景中找到了自己的位置，而"结婚"是病人父母之间最常见的调侃之一。

---

1 同前，p. 235。
2 同前，p. 223。

恩斯特的母亲经常打趣地暗示她丈夫在婚前对一个贫穷但漂亮的年轻女孩的强烈依恋。恩斯特"很难接受父亲为了与斯佩兰斯基家族联姻（*Verbindung*）来保证自己的利益而放弃爱情"[1]。与母亲富裕家庭的联姻保证了他父亲雄厚的经济实力。父亲去世后，母亲计划着让他娶一个富有的表亲的女儿。这样，一旦他完成学业，就能确保他有一个辉煌的职业前途。弗洛伊德猜测，"这个家族计划唤起了他内心的冲突"[2]：是忠于他心爱的贫穷女子，还是娶一个富有而美丽的女子？弗洛伊德会说，疾病解决了这一矛盾。这些故事在他的童年留下了印记。但这涉及的并不是被压抑之物返回的创伤性事件，而是拉康所说的先于其出生的星座。这种史前史以一种近乎荒诞的难以辨认的形式在症状中重现：主体为之所动，却毫不知情。

从 1907 年 10 月 5 日的第四次分析开始，出现了以婚姻（*Heirat*）为主题的移情之结，这也是鼠人治疗中移情辩证法的核心。病人向弗洛伊德表达了他难以接受父亲去世的现实，并向弗洛伊德详述了他的

1　Sigmund Freud, *L'Homme aux rats, journal d'une analyse*, p.181.

2　同前，p. 228。

自责——他父亲临终时他没有陪伴在床边。他的负罪感是以一个与他有姻亲关系的姨妈去世被激发的。

在弗洛伊德看来，这种负罪感是合理的，但它是通过虚假的联结被附加到一个意识的内容上，即他这个姨妈的去世，与他没什么关系。弗洛伊德"为了让他冷静下来"，给他解释了其表象内容与情感之间的"错误联姻"（mésalliance）的理论，即责备的动机与夸大情感的程度之间的"错误联姻"理论[1]。早在几年前，他就在以法文发表的《强迫症与恐惧症》一文中阐述了这一观点。他指出，在强迫性神经症的个案中，患者所体验的情绪状态和与其相关的原始观念脱离了联系。因为这种观念是被拒绝的，它与道德精神机制不可调和，与之相对应的情感就与它脱离了，并与另一种更容易调和的表象联系在一起，但后者"与动机是不匹配的"。弗洛伊德补充道："正是情感状态与相关观念之间这种错误的联盟，造成了强迫症特有的荒谬性。"[2] 在这一治疗中，通过"错误的联姻"（mésalliance）一词，他不知不觉地触及了——我们

1　同前，p. 67。
2　Sigmund Freud, *Obsessions et Phobies* (1895), OCF.P III, p. 23.

可以说是猜测到了——一个关键点，即患者不仅用他症状的"货币"偿还父亲欠的赌债，还偿还了患者父亲通过与患者母亲的"联姻"（*Verbindung*）[1] 来保证其利益的金钱婚姻。弗洛伊德能更加意识到鼠人症状的阴影，因为他自己也曾挫败过这样的家庭计划。他想起了"下嫁"的幽灵：玛莎[2] 的母亲伯纳斯夫人，因为他岌岌可危的物质条件和卑微的出身而试图赶走他，在他与玛莎的婚姻道路上设置障碍。

在第五次治疗中，患者对弗洛伊德的解释表示怀疑：关于悔恨的解释如何对治疗发生作用呢？他提到希望恢复人格的统一。弗洛伊德描述了人格的解体、分裂（*Spaltung*），这是一个更加动力性的、与整合概念相吻合的概念[3]。这种分裂是意识与无意识冲突的结果。当病人告诉他"虽然我认为自己是个有道德的人，但我记得在童年的时候，我肯定做过一些源自另一种人格的事情"[4] 时，弗洛伊德表示同意，并

---

1 Sigmund Freud, *L'Homme aux rats, journal d'une analyse*, p. 181："与斯佩兰斯基家族（其母亲家族）联姻"。
2 即弗洛伊德的妻子。译注。
3 同前，p. 71。
4 同前。

指出他已经发现了无意识的主要特征，即它与幼儿性（infantile）的关系："无意识就是幼儿性"[1]，即童年时期没有随着人的后续发展而发展的那部分，它被压抑了。而正是这种被压抑的无意识支流，支撑着构成疾病的非意愿性的思维。

在 1907 年 10 月 12 日（星期六）写的长篇报告中，弗洛伊德加了一个注释，他说他忘记报告三段记忆——这些是他的病人的最早记忆，当时他三四岁——与他姐姐的死有关，他姐姐比他大五岁，是他发现两性差异的始作俑者。他还记得看到悲痛欲绝的父母和死去的姐姐在一起。在周一的下一次治疗中，弗洛伊德试图找出原因，是什么让他怀疑这些属于恩斯特的记忆，以及他会忘记记录这些记忆。弗洛伊德在自己的幼年历史中找到了原因，"因为我自己的情结"[2]。他提到了自己大约两岁时弟弟尤里乌斯的死。那次死亡给他留下了"一种悔恨的萌芽"[3]，他认为这种悔恨会影响他的个人友谊的导向。

1　同前。

2　同前，p. 105。

3　Sigmund Freud, « Lettres à Wilhelm Fliess », in *Naissance de la psychanalyse,* lettre du 3 octobre 1897, p. 194.

解 结

毫无疑问，分析活动改变了这位病人的某些方面。令他备受折磨的行为和思想得到了解放，强迫也随之消失。弗洛伊德指出："一旦找到了解决办法，关于老鼠的强迫观念就消失了。"[1]但他也知道，这个年轻人的问题并没有彻底解决，因为治疗的时间和深度都不够。不过，分析使他完成学业，他成了一名律师，并与心爱的女人结了婚。

弗洛伊德对这一案例的圆满结果感兴趣，只是因为它圆满地解决了所提出的谜题，但是他的治疗成功还是要受制于对人类变幻莫测的境遇的普遍考量。1923年，他补充了以下说明："这位病人通过上述分析恢复了精神健康，但在大战中牺牲了，就像许多本可被寄予厚望的优秀青年一样。"[2]分析不会赢得战争，也不会对死亡冲动有最终的决定权。弗洛伊德对大团圆结局的厌恶，被我们误认为是他悲观主义者的特质，但事实上那更像是智者的无奈："我不能成

1　同前，p. 242。
2　同前，p. 261。

为一个乐观主义者，但也将自己与悲观主义者区分开来，这仅仅是因为邪恶、愚蠢和疯狂并没有让我感到沮丧，原因很简单，我已经预先将它们纳入了世界的结构之中。"[1]

如果"老鼠"（Ratte）象征着死者的灵魂，我们是否可以由此推断出"建议、方法"（Rat）与"回魂"（Wiederkehr）和"诡异感"有关？为什么不呢？正是通过对"鼠人"的分析，拉康实现了他的"回到弗洛伊德"[2]，尽可能地接近弗洛伊德的著作，并揭示了弗洛伊德解释学的猜测范围。

1　Sigmund Freud, Lou Andréas-Salomé, *Correspondance avec S. Freud (1912-1913)*, Paris, Gallimard, 1970, lettre du 30 juillet 1915, p. 335.

2　Jacques Lacan, « Fonction et champ de la parole et du langage en psychanalyse » (1956), in *Écrits,* p. 302.

第五章　移情与重复的强制力

重复移情在当中的地位

怎么也躲不开的"重复的强制力"（*Wieder-holungszwang*）！我们甚至可以用一整本书的篇幅来讨论关于强制力拼图的最后一块。生活是由无数次重复组成。但是特定的重复概念则被视为精神分析的主要概念，是在移情之中并通过移情让弗洛伊德不得不接受的。在移情当中，各种激情、僵局、精神冲突和幼儿的幻想都被现实化了。

拉康认为丹麦哲学家索伦·克尔凯郭尔是"弗洛伊德之前最敏锐的灵魂追问者"[1]，在他的著作《重复》

1　Jacques Lacan, *Le Séminaire*, livre XI, *Les Quatre Concepts fondamentaux de la psychanalyse*, p. 71.

（*La Répétition*）的新译本中，译者选择了"重演"（reprise）这个词来翻译书名[1]。事实上，在丹麦语中，"gjentagelsen"一词的字面意思是"重新开始"，它的含义与精神分析意义上的"重复"极度接近，即重复的东西以一种新颖的、从未有过的形式产生，就像是一种再创造。

"重复"一词是弗洛伊德的术语"强制性重复"（*Wiederholungszwang*）的简略写法。加在 *Wiederholung* 后面的 *Zwang*"已经包含了重复的概念。人们通过重复的元素认识到其不可避免的特性"[2]。至于 *Wiederkerhr*，即在重复的强制力中表现出来的回归，不是尼采式的回归，而是被压抑之物的回归。它控制着原发过程的迂回，控制着无意识的冲动往返的功能。为了命名这种反复运动，拉康从亚里士多德那里借用了"自动机"（automaton）这一术语，它唤起的是一种必然性。一些记号（signes）的回归，无意识语言结构中所固有的能指的重复，坚持着并产

1　Sören Kierkegaard, *La Reprise*, présenté et traduit par Nelly Viallaneix, Paris, Flammarion, 2008.
2　Georges-Arthur Goldschmidt, *Quand Freud voit la mer*, Paris, Buchet/Chastel, 1988, p. 132.

生意义的效果，这种重复受快乐原则的支配，并通过语言卸载外部和内部的兴奋。[1] 在弗洛伊德看来，这就是无意识存在的证明。主体必须重复着被压抑之物，这样移情才可以变成可分析的。1913 年，他强调了哪一点上的重复的强制力对于精神分析来说本质上就是移情，这种强制旨在使"病人将自己依附于分析工作者，并将分析工作者置于他曾经爱过之人的意象中"[2]。但是，在他将其提升到概念的高度之前，他就已经在临床中体验到了重复，**不是**快乐原则的表达，而是违背生活、阻抗治疗的表现：症状的惰性、与受虐狂立场相关的消极的治疗反应、幼儿性生活的早期固着。

　　弗洛伊德在写给牧师奥斯卡·普菲斯特（Oskar Pfister）的一封信中坦言："至于移情，确实是个麻烦的难题 [……] 规则经常给我们提供不了任何帮助，我们不得不适应病人既定的特殊情况 [……]。"[3]

1　Jacques Lacan, *Le Séminaire*, livre XI, *Les Quatre Concepts fondamentaux de la psychanalyse,* p. 63-75.

2　Sigmund Freud, « Le début du traitement », in *La Technique psychanalytique,* p. 99-100.

3　Sigmund Freud, Oskar Pfister, *Correspondance*, Paris, Gallimard, 1966, lettre du 5 juin 1910, p. 74.

在这里，我们看到 1920 年之前和之后这两段时间上有一个必要的连续性[1]。

1914 年，他撰写了一篇重要文章，题为《回忆、重复与修通》，他在其中承认他曾经所认为的分析的目的——使被压抑之物成为意识并"填补记忆之空白"[2]，遇到了瓶颈。即使他的癔症患者尽量支持他的欲望，不断给他提供创伤记忆[3]，但能够观察到的是，病人回忆起来的并不是所有。因此，只有被压抑之物作为在移情中被经历和呈现的体验，这条道路才会畅通。病人在不知中重复，他"屈服于已经取代了记忆强制的重复的强制力"[4]。他注意到，无法被记起的东西被转化为行动，因此，被遗忘的事实不是以记忆的

1　1920 年通常被认为是弗洛伊德理论的转折发生之年，伴随着死亡冲动的提出，之前和之后的理论和实践操作有巨大差异。然而通过移情等问题的具体分析，我们发现弗洛伊德的差异并非一种割裂，而是连续的发展。译注。

2　Sigmund Freud, « Remémoration, répétition et perlaboration », in *La Technique psychanalytique,* p. 106.

3　这里作者使用的是 réminiscence，是主体受到创伤后被封存的、无法言说而不断行动化的模糊记忆。它经过分析和修通之后，才会成为能够意识化和有细节、具有意义的回忆（mémoire）。译注。

4　同前，p. 109。

形式，而是以"行动"的形式再次出现。

当我们接近缺失的记忆的焦点时，"主体的阻抗"就显现了出来，就在这个时候，重复开始了行动。为了描述与逃避我们的实在（réel）之间的相遇，拉康借用了亚里士多德的另一个术语"必然命运"（tuché），它指的是唤起偶然、不可预见、不可同化、不可计算、超越符号的，与作为创伤的实在的相遇。它超越了"自动机"。一般来说，被实在的创伤所决定的重复通过难以被注意到的标记在分析中显现出来，通过重复的意外、过失行为（它们好像是偶然出现的一样）来表现。弗洛伊德把可能会在分析的当下情境中再次出现的不恰当行为翻译为移情的"上演"（mise en act）[1]。他举例说，一个病人不记得自己

1　德语词是"Agieren"，翻译成英文是"acting out"，中文习惯翻译成"付诸行动"。这个词在法语中有两种翻译："mise en act"和"passage à l'act"。拉康指出，"mise en act"指将无法言说的无意识内容在分析会谈中用行为表演出来，这一行为是指向他者的，这也是符号象征化的过程；"passage à l'act"则与之不同，它表现出来的行为是逃避符号象征化，并不指向任何人。出于这样的考虑，我们将"mise en act"翻译成"上演"，强调其在符号维度之内，而将"passage à l'act"翻译成"付诸行动"，强调其想进入实在维度。译注。

曾经冒犯和反抗父亲，并且以同样的方式对待分析工作者，在行动主体不知的情形下，向分析工作者展示事实。

两种功能重新制造过去：记忆为过去代表过去，重复却不为过去代表过去，而是将其制造出来。这样，在治疗的当下，每一个新的力比多组织都将旧的事件带到当下。过去就这样在分析中被病人主体化。正是从这个意义上，在幼儿性质的重复中，被遗忘或未被书写的过去在移情中、在回忆缺失之处出现了新的表现。重复是回忆的一种方式。我们可以说，重复产生了一种承载主体历史的记忆。拉康解释道："历史不是过去，只有曾经被体验、经历，在当下被历史化，历史才成为过去。"[1] 正是这一过程使主体能够书写自己的历史，而不是将其作为不可抗拒的命运来忍受。在一个叙述中谈论过去，就是重建和重新解释已经发生的东西。拉康还指出："因此所涉及的与其说是记忆，不如说是重写历史。"[2] 弗洛伊德选择了移情的时间维度作为其主要著作《释梦》的结尾："梦把我

1 Jacques Lacan, *Le Séminaire*, livre I, *Les Écrits techniques de Freud,* p. 19.
2 同前。

们引向未来，因为它让我们看到我们欲望的实现，但这个未来，对梦者来说，是由坚不可摧的欲望以过去的形象塑造并呈现于当下的。"[1]

这就是在分析情境之中或者之外由重复强制力的发现带来的新要素，它迫使我们不能仅凭对回忆的信心来处理移情。一旦移情被视为回忆的边界点，我们的工作就要帮助这种重复只存在于移情"角斗场"的限定范围内，在与分析工作者的相遇中进行分析。过去未被承认的请求在治疗当中作为一种命名的呼唤被听见，折磨人的症状也将在当下获得"新的移情意义"[2]，从而得到治疗。当然分析工作者必须支持移情关系的功能，他或她也必须通过自己的身体存在，成为病人的冲动投注的支撑。[3]这就是为什么精神分析不能仅仅通过书写（书信）开展。

---

1 Sigmund Freud, *L'Interprétation des rêves,* p. 527.

2 同前。

3 Jacques Lacan, *Le Séminaire*, livre XI, *Les Quatre Concepts fondamentaux de la psychanalyse,* p. 300. "精神分析工作者，仅仅支持提瑞西亚斯（Tirésias）的功能是不够的。正如阿波利奈尔所说，他还必须有乳房。" 提瑞西亚斯在希腊神话中是底比斯城的神，在索福克勒斯的《俄狄浦斯王》中是他说出了神谕。

作为虚构的源泉，移情是一种主体参与的表达性创造。有快乐的重复，它允许了在跌倒的地方获得成功；重复会带来快乐和力量。没有重复，就不存在学习，包括生活中的学习。重复的功能结构化了客体的世界。强迫性的重复只产生痛苦，对此弗洛伊德说，要"有勇气承认，在精神生活中确实存在着一种压倒快乐原则的重复强制力"[1]。他决心要考虑的事实或多或少都具有谜一样的性质：重复会让人回想起过去的经历，而这些经历不仅不可能带来快乐，反而给人带来不快。我们不得不承认，有一种超越快乐原则的强制力在驱使人类去重复痛苦的经历，而这种机制属于原初的、没有联系的冲动成分。对这个机制的揭示，就会把发现隐藏意义的强制力变为对不可化约的荒诞之物（non-sens）的抗争。当隐藏的事物作为永远失去的事物的影子出现时，"猜测"将不足以消弭在移情中显现的实在国度的焦虑感。

当弗洛伊德开始写作《超越快乐原则》时，开始于1914年的第一次世界大战刚刚结束，他找到

---

1 Sigmund Freud, *Au-delà du principe de plaisir* (1920), OCF.P XV, Paris, Puf, 1996, p. 293.

并重新修改了几年前起草的一篇题为《令人不安的陌生感》的文章，最近被译为《诡异感》（*Das Unheimliche*）。他于1919年秋发表了这篇文章。

移情与诡异感

弗洛伊德在《鼠人》的分析中指出，在传说中，老鼠与其说是一种令人厌恶的动物，不如说是一种不祥的、令人不安的动物，"它象征着死者的灵魂"[1]。"诡异感"（Das Unheimliche）一词与"令人焦虑的"和"令人恐惧的"属于同一语义领域。弗洛伊德在这篇文章中写道："［……］只有无意图的重复才会使原本微不足道的事物变得如此令人担忧，并把不祥的、不可避免的观念强加给我们，而这些观念我们本来只认为是偶然。"[2] 我们强调这句话是为了说明，在重复当中既有能指的坚持，也有其超越意义的不可阻挡的特性。

1　Sigmund Freud, *Cinq Psychanalyses,* p. 239, note 4.

2　Sigmund Freud, *L'Inquiétant* (1919), OCF.P XV, p. 171.

弗洛伊德举了几个例子（包括他个人的例子）来说明被认为已经被超越的原始思维模式的回返：魔幻、万物有灵、全能思维。在这篇文章中，移情并没有被明确地命名，但它却在那里为我们做好了准备：

　　　　事实上，在万物有灵的无意识中，我们可以识别到一些来自冲动运动的重复强制力的支配，这种强制力不可思议地依赖于冲动本身最隐秘的性质，它强大到足以凌驾于快乐原则之上，它赋予灵魂生活的某些方面一种恶魔的特征，这在小孩子的某些倾向中表现得非常明显，并且支配着神经症患者精神分析的部分过程。[1]

　　"被体验到的不安让人想起这种内部重复的强制力"[2]，那么我们就不难推断出，当分析来访者在移情中遭遇到某些灵魂的回归现象时，他内心所承担的令人窒息的焦虑。他说："一件非常奇怪的事情[……]

1　同前，p. 172。
2　同前。

分析来访者把他的分析师看作他童年历史中一个重要人物的回魂（*Wiederkehr*）和再现。"[1] 这句话摘自《精神分析纲要》（*Abrégé de psychanalyse*），与他在 20 世纪 20 年代发表的那篇文章相比较，这句话的含义更加丰富。

从这两篇文章的角度，我们能更好地理解移情作为"重复的碎片"出现时对他产生的巨大影响。当熟悉的事情返回并在移情中改变信号，熟悉（*heimlich*）就变得不再熟悉（*unheimlich*）和诡异，他就被"夺舍"[2]了。不可否认，人类历史和 1914—1918 年战争的破坏证实了弗洛伊德对精神世界的发现。这场战争的恐怖让我们领悟到了重复的动力：其结果令人极度震惊，没有人能想象人类的智慧会如此启动邪恶的重复，引发仇恨与毁灭的恶魔返回。

---

1 Sigmund Freud, *Abrégé de psychanalyse* (1938), Paris, Puf, 1964, p. 42.
2 原文字面义为"被占据"，是指死去的灵魂重新回归且占据了这个身体。译注。

超越快乐原则：享乐

　　1919 年春，弗洛伊德撰写了一篇文章的初稿，它有着谜一样的标题：《超越快乐原则》[1]。弗洛伊德推迟到 1920 年底才发表这篇文章，但在此之前，1919 年初，他在理论当中引入了死亡冲动的概念。这一澄清非常重要。1920 年，他失去了朋友（也是他主要的经济资助者）安东·冯·弗罗因德（Anton von Freund）和女儿索菲。许多人认为这一作品应该是为了回应 1920 年头几个月他遭受的丧亲之痛，所以他坚持传达这一确切的时间顺序，就是要平息这样的指控。

　　标题立即暗示我们正在进入一个所谓的"超越"。进入过度，进入拉康将要命名的"享乐"（jouissance），这是一种接近于痛苦而剥夺快乐的极端感觉的身体表现，它超越了快乐原则。弗洛伊德很少使用"享乐"一词。我们可以在他对《鼠人》的分析中找到一个例子，当时他注意到病人在讲述老鼠刑罚时，"出现了一种奇怪的表情，他恐惧于被他自己所忽略的享乐"。

1　Sigmund Freud, *Au-delà du principe de plaisir*, OCF.P XV.

另一个例子可以在第七次分析中找到，当时他告诉病人，对方是一个折磨自己的人，从自责中获得享乐（Genuss）。弗洛伊德对他说："你是一个折磨自己的人，你从自我责备中获得享乐。"[1] 还有一个情境，是关于施瑞伯大法官的，后者在镜子面前凝视着自己的身体向女性的缓慢转变，获得无限享乐。

事实是，在《科学心理学大纲》问世二十多年后，弗洛伊德开始了时而晦涩难懂、时而令人不安、时而令人眼前一亮的推测：有一个整体的普遍现象与从恒常原则中得出的"快乐原则"相矛盾。他不得不承认，精神世界中的某些东西并没有完全满足《大纲》中描述的原发性神经系统最重要、最早期的功能之一：把来自外部或内部威胁生命的刺激维持在尽可能低的量上。现实原则的功能是联结和储存强烈的冲动性兴奋，推迟即时满足的时间，某种意义上是"驯服"它们，从而降低它们对整个机体的危险性。《超越快乐原则》是一次重大的理论颠覆，因为它彻底改变了他的第一个地形学结构及其三个机构（无意识、前意识和意识）

---

1 Sigmund Freud, *L'Homme aux rats, journal d'une analyse*, p. 87.

的概念，从而制作了第二个地形学结构（自我、它我和超我），并区分出新的冲动二元论：生冲动（Éros，关系原则）和死亡冲动（Thanatos，失联的力量）。他认为冲动是在不同形式下的单一表现，同时保持了二元性。他将快乐原则和死亡冲动结合在一起，快乐原则追求的是尽可能快的兴奋下降。正是因为这种狂暴的、毫无节制的重复强迫的失联现象，弗洛伊德将这种具有恶魔特性的死亡冲动安置进来。

第一次世界大战期间，身体残缺不全、受到严重创伤的士兵随处可见，这使医生们开始面对一种新的病理现象，并对精神分析理论产生了兴趣。正是对与战争有关的神秘疾病的讨论将创伤性神经症推向了分析研究的前沿，这对理解重复强制的基础至关重要。

除了让人联想到癔症的临床表现之外，创伤性神经症还增加了更为强烈的主观痛苦表现，以及以受到惊吓和惊恐为主要元素的病因。在《超越快乐原则》一书中，他对这两种情绪给出了非常精确的定义，这两种情绪在癔症性呕吐的例子中就已经出现了。在癔症性呕吐的例子中，为了展示"癔症的病因学"，他指出：主体被惊吓到了，措手不及，而这正是引发恐惧的原因，"恐惧是一个人在毫无准备的情况下遇到危险时所陷入的状态"[1]。

1918 年，在布达佩斯举行的国际精神分析大会上，他加入关于"战争神经症"的讨论，他在发言中指出，可以将和平时期和战争时期都会出现的创伤性神经症与移情性神经症统一起来，尽管它们不同的病因可能使它们相互排斥。在提出了一些支持这种比较的论据之后，他接着质疑这样一个事实，即"对压抑的定性是否合适，它被认为是所有神经症的根源，它是对创伤的反应，它引发基本的创伤神经症"[2]。从这一角度来看，我们总是在面对一种原始的创伤，一种不可吸收和不可化约的东西（拉康称之为"实在"的东西）。然而，正是对梦的研究——创伤患者反复出现的梦，痛苦地见证了思想未能将创伤联系起来——再次为他提供了新的素材，使他得以超越1914 年在文章《回忆、重复与修通》中所作的分析。

战争创伤患者反复出现的梦就是重复的强制力的很好的例子。他们一次又一次地回到事故现场，醒来

1　Sigmund Freud, *Au-delà du principe de plaisir*, OCF.P XV, p. 282.

2　Sigmund Freud, « Sur la psychanalyse des névroses de guerre » (1919), OCF.P XV, p. 223.

时重新唤起与创伤经历中相同的恐惧感。主体有一种"坚持要回到创伤经历"[1]的感觉，但在清醒状态下却没有。弗洛伊德面临着许多谜题。这种不断回到主体身上的痛苦，应该给它赋予什么位置呢？当主体无法面对的事件发生时，换句话说，当他无法将其整合进自己的精神生活而压抑失败时，它就具有了创伤的价值。是什么力量在坚持，将痛苦或不悦重新实现，扰乱睡眠，如此残酷地破坏梦的"睡眠的守护者"的主要功能？震惊回归到了纯粹状态。弗洛伊德认为，桑多·费伦齐（Sándor Ferenczi）和恩斯特·西美尔（Ernst Simmel）所支持的理论，即在创伤的瞬间存在着固着，是不够的，因为它没有阐明重复所提出的基本问题。更重要的是，创伤通过重复进行控制的论点并不令人满意，因为它唤起同样的痛苦和同样的不可同化、不可理解的特征。弗洛伊德将这一主题描述为"黑暗而晦涩"[2]。他将暂时放弃这一主题，讨论起他的外孙在母亲离开后的重复游戏。这是什么意思呢？

---

1 Sigmund Freud, *Au-delà du principe de plaisir*, OCF.P XV, p. 283.
2 同前，p. 284。

再创造的重复

　　弗洛伊德怀着不倦的好奇心，观察了女儿索菲的长子、一岁半的恩斯特·沃尔夫冈·哈尔伯施塔特（Ernst Wolfgang Halberstadt）的游戏。他由母亲亲自抚养，成长过程中没有把他托付给任何外人。弗洛伊德注意到，虽然孩子非常依恋他的母亲，但当母亲离开几个小时，孩子并不哭闹也不发脾气，他的好心情和平静使弗洛伊德认为他有一个好办法解决母亲的缺席问题。弗洛伊德注意到，在母亲离开期间，孩子会进行一种非常特殊和神秘的活动：他会把一大堆小玩意扔到房间的角落里，伴随着它们的消失，他会发出长的"哦呜——"声，这可能会让人联想到德语中的"fort"一词，意思是"远去、消失"。有一天弗洛伊德看到孩子拿着一个缠着线的线圈，把它扔出去，当线圈消失时，他发出"哦呜"声，然后他把线往回拉，线圈又再次出现时，他发出"da"（在那里）的欢呼声。因此，完整的游戏就是在被抛弃的痛苦背景下上演客体的"消失和回归"。弗洛伊德说，返回的游戏无疑伴随着与重复本身有关的快乐收益，但事实上，被孩子重复得更频繁的是第一幕，即由母亲离去的创伤引起的那一幕。是他自己建立了"完全是他个人的游戏"[1]！问题是，尽管游戏第二阶段的线圈返回给他带来了快乐，但当他在重演"对他来说是痛苦的生活经历"[2]时，即他在游戏的第一幕里重复创伤经历时，它是如何与快乐原则相协调的？

弗洛伊德提出了几种假设。其中一个假设是掌控冲动[3]允许特别灵巧和精力充沛的孩子通过重复将痛苦的事情进行转化，化被动为主动。把线圈扔得远远的，也可以是为了满足对母亲不在身边的报复冲动。于是，弗洛伊德最终认为，在游戏中重复不愉快的印象与一种独立的且更原始的快乐倾向是一致的。弗洛伊德的一个脚注或许为我们解释这种机制指明了方向。弗洛伊德说，幼童用"Bébi ooooh"（宝宝走咯）来迎接母亲的归来，而在此之前，他曾有过从镜子中

1　同前，p. 285。
2　同前，p. 286。
3　掌控冲动是孩子发展到一定阶段的结果。掌控冲动的到来才使孩子化被动为主动。但它不是所有孩子都拥有的，有些孩子的掌控冲动并未出现，有些被压抑。译注。

"让自己消失"的经历，因此他的形象"走远了，消失了"。

拉康一如既往地用弗洛伊德留下的线索进行游戏："正是弗洛伊德以一种和蔼可亲的直觉为我们呈现了这些可供消遣的游戏，让我们从中认识到，欲望人性化的时刻也是儿童诞生语言的时刻。"[1]这个游戏是主体"对母亲缺席的回应，母亲消失在其领域边界、摇篮边缘，这造成了一条鸿沟，围绕着这条鸿沟，主体除了做跳跃游戏之外，也没什么可做"[2]。线轴并不是缩小到这个小线圈里的母亲的代表，就像希瓦罗人（Jivaros）腰间干缩的头颅[3]。它是从他自身那里剥离出来的一点小东西，不过它同时仍然和他自身保持着联系。这种重复并不是对呼唤母亲返回的重复，而是对母亲离开的重复，是母亲的离开导致了主体的

---

1 Jacques Lacan, « Fonction et champ de la parole et du langage », in *Écrits,* p. 318-319.

2 Jacques Lacan, *Le Séminaire*, livre XI, *Les Quatre Concepts fondamentaux de la psychanalyse,* p. 73.

3 分布在秘鲁北部和厄瓜多尔东部的希瓦罗人将敌人的头砍下，用缩头术（Tsantsa）进行烘干、浓缩，来禁锢其灵魂。为了在战场上恫吓对手，勇士们会将这些头颅挂于腰间，他们也相信能通过这些头颅获得往生者的力量。译注。

分裂，而语调抑扬顿挫的"fort-da"则对应母亲的"不在那里"。扔线圈是儿童身体对语言的参与。这是两个音素的咒语，它不仅没有减轻紧张，反而加剧了紧张。在两个音素之间出现了一种丧失，即客体的丧失（la perte de l'objet）。符号化首先表现为对物的谋杀。它创造了一种东西，使人有可能通过能指——主体的第一个标记，来降低母亲离开所带来的创伤。它的行为摧毁了客体本身，使其在缺席和在场的预期中出现和消失。重复是无法满足的，拉康认为它处于因失去与母亲在一起的享乐伤怀和对恢复的追求之间，重新找到的东西再也不会是原来的那个。从《罗马演讲》开始，拉康就认为死亡冲动严格依赖于话语与能指。因为对主体来说，存在的丧失是必须的，只有这样主体才能在语言中诞生。

镜子游戏清楚地表明发生了什么：在镜像中游戏自己的消失只是"某物"与自身分离的前奏，这个"某物"在线圈游戏中被具象化了。拉康将这种与主体分离的残留部分称为"客体小a"。

弗洛伊德对线圈游戏的观察有一个苦涩的尾声：四年后，小恩斯特的母亲离开就再也没有回来。命运弄人，1920年1月20日，索菲因西班牙大流感而去世，年仅 27 岁。三年后，也就是 1923 年，那个玩 fort-da 游戏的孩子的弟弟，弗洛伊德另一个心爱的外孙也去世了。弗洛伊德注意到，恩斯特在母亲去世时并没有表现出特别悲伤。他说，当时恩斯特的弟弟也出生了，这引起了他最强烈的嫉妒。恩斯特后来成为一名专门研究母子关系的精神分析工作者。是悲伤的缺席或者是同胞兄弟间的嫉妒激发了一种使命吧！

第六章　移情与传递

1979 年，拉康在主题为"传递"的会议的闭幕式上，在他投身于精神分析三十年后，宣称："我终于认为精神分析是无法传播的。这是非常无奈的。无奈是因为，每个精神分析学家都不得不——因为他们必须被迫——重新创造精神分析。"[1] 他继续说道："每一位精神分析家都会根据自己曾经做过一段时间分析来访者的经验，重新创造让精神分析继续下去的方式。"[2]

作为一名精神分析家，说不知道自己传递了什么，

1　Neuvième congrès de l'École freudienne de Paris sur « La transmission », paru dans les *Lettres de l'École*, 1979, n° 25, vol. 2, p. 219-220.

2　同前。

这并不是什么启示。虽然精神分析不存在像家庭那样的直接传承，也不存在像数学公式那样的整体传承，但不管怎么说，在精神分析中，理论知识的传承仍然是有必要的。诚然，不太明晰的实践也可以带来治疗效果，但这样它就有一部分成了无法被解释的做法（savoir-faire）。更重要的是，所传递的东西是不连续的、不可预测的。传递的过程中不会没有残留物，残留物中会产生新的意义，而新的意义又会追溯性地传播弗洛伊德发现的意义。这就意味着，传递往往发生在我们最意想不到的地方，在断层处，在绊脚石处，在弗洛伊德留下的知识空白处；在某些幸运的情况下，产生了发明。我们可以看到，最伟大的精神分析发现是在移情、联盟和错误的联姻中产生的。在我看来，拉康就是这方面的典范。

雅克·拉康对弗洛伊德的移情

在这趟穿越精神分析学发明者闪光话语的旅程中，拉康曾是我的陪伴者。他对弗洛伊德的移情十分强烈，正如他所确信的那样，他一生都在照料弗洛伊德。在其研讨班《从大他者到小他者》1969年1月8日的讨论上，他的一个短句比任何评论都更能说明问题："弗洛伊德不需要看我就能凝视我。"[1] 正是这样，在弗洛伊德从未放弃的"凝视"下，栖息在他身上，甚至支配着他的欲望才没有失败。在阅读弗洛伊德对"伊玛打针"的开创性的释梦之前，弗洛伊德请读者"把您的关注点暂时变成我自己的关注点，并参与到我生活中的小事中去：这样的**移情**[2]会大大增加对梦的隐含意义的兴趣"[3]。

拉康曾对他的听众说过类似的话："不通过我的能指（sans passer par mes signifiants），你就无法跟随我。"[4] "通过"并不意味着黏着，而是让那些弗洛伊德的能指在移情中通过。1978年，他在多维

1　"Freud n'a pas besoin de me voir pour me regarder." Jacques Lacan, *Le Séminaire*, livre XVI, *D'un Autre à l'autre*, p. 92.

2　该处强调由作者做出。

3　Sigmund Freud, *L'Interprétation des rêves*, p. 98.

4　Jacques Lacan, *Le Séminaire*, livre XI, *Les Quatre Concepts fondamentaux de la psychanalyse*, p. 242.

尔城（Deauville）关于"通过制度"（la passe）[1] 的研讨会上做了总结发言，在发言中我们能发现他对"没有弗洛伊德的前进"（le pas sans Freud）[2] 的新理解，他承认从"通过制度"中没有学到任何关于分析家欲望的东西。但他随即又补充道："但不得不说，要成为一名分析工作者，就必须被滑稽地咬住，主要是被弗洛伊德咬住，也就是说，要相信我们称之为无意识的这个绝对疯狂的东西。"[3]"被弗洛伊德咬住"，如果不是被弗洛伊德的能指咬住，还能是什么？他是弗洛伊德的忠实又严谨的读者，被弗洛伊德启发，用自己的语言解读弗洛伊德，将他的建构（主要是在研

1　"通过制度"（la passe）是拉康发明的分析家资格的认定制度。70 年代末他自己认为"通过制度"失败了，但在实际操作中，"通过制度"仍然是当下拉康派的精神分析协会认定精神分析家的一项重要参考。译注。

2　"le pas sans Freud"，是具有歧义的词组，是前一句"无法通过"（sans passer）的逐词反说。"le pas sans Freud"可以翻译成"没有弗洛伊德的前进""没有弗洛伊德的不能"，这个词组与"le pass en Freud"读音几乎一样，因此该词也暗示着"在弗洛伊德中通过"。译注。

3　Jacques Lacan, « Conclusion des Journées de l'E.F.P. à Deauville (sur la passe) », Lettres de l'École freudienne de Paris, n° 23, avril 1978, p. 19-21.

讨班的头十年）与弗洛伊德欲望的能指——*erraten*（猜测）和 *Rätsel*（谜语）交织在一起。

拉康在 20 世纪 50 年代的研讨班以"回到弗洛伊德"[1]作为开场白并进行工作，对弗洛伊德的"猜测"表示敬意。多年之后，他还强调，"这是我拿来作为旗帜的东西"[2]。1953 年 9 月 26 日和 27 日，在《罗马大会报告》（又称《罗马报告》）中——这是在他的教学中史无前例的[3]，他确切地说，精神分析共同体是以弗洛伊德的文本为基础建立起来的。他重新提及弗洛伊德在《鼠人》分析中的干预，"分析家以他为榜样，能证明（真正意义上的）猜测的确定性"[4]，这说明了朝向弗洛伊德的回归。其言如是。

这些年里，他多次表达了对弗洛伊德的欣赏，

---

1 Jacques Lacan, *Écrits,* p. 405.

2 Note du 22 février 1969 à la Société française de philosophie, réponse à la conférence de Michel Foucault intitulée « Qu'est-ce qu'un auteur », reprise dans la revue *Littoral,* n° 9, juin 1983, p. 31.

3 Jacques Lacan, « Fonction et champ de la parole et du langage en psychanalyse », rapport du congrès de Rome, in *Écrits,* p. 237 et suiv.

4 同前，p. 311。

毫不犹豫地称之为"弗洛伊德猜测的渗透"（la pénétration divinatoire de Freud）[1]。他对弗洛伊德的"真正的解释"感到惊叹，那时他自己正在质疑精神分析中的"解释"，因为这是一个理论上摇摆不定、有许多分支的概念。他指出："弗洛伊德的解释不拘一格，以至于在将其普及之后被庸俗化了，使我们再也认不出它本身的语义范围。"[2]几行之后，对那些可能没有领会到他的意思的人，他继续说："当弗洛伊德揭示出只能被称为主体命运主线的东西时，在决定判决（verdict）的模糊性面前，我们质疑的正是提瑞西亚斯的形象。"[3]

关于（鼠人的）治疗，弗洛伊德归因于病人的父亲，其人当时已去世，禁止儿子与他所爱的女人结婚。拉康指出，弗洛伊德搞错了事实——其实是母亲禁止了订婚。但拉康补充说，这种解释非但没有将病人引入歧途，反而让后者摆脱了一系列把父亲和他爱的女人

1　Jacques Lacan, « Réponse au commentaire de Jean Hyppolite » (1956), in *Écrits,* p. 393.

2　Jacques Lacan, « La direction de la cure et les principes de son pouvoir » (1958), in *Écrits,* p. 597.

3　同前。

捆绑在一起的致命象征。他总结说，解释引出了"一个更深层次的真相"，弗洛伊德"似乎在不知中猜出了这一真相"[1]。而病人后来的联想也证实了这一点。尽管听错了方向，弗洛伊德还是成功地触及了"通向意义的关键点，在这里，主体可以准确无误地破译他的命运"[2]，因为这种解释向病人揭示了主宰其父母婚姻的东西在何种程度上，早在他出生之前，就让他的欲望迷失在一些死胡同里。对拉康来说，"这些猜测的线索"[3]不涉及主体的自我，而是他的真相，一针见血，正中靶心，因为它们"走在了前面"，预示着他将用这些术语提出一个论点：如果强迫症患者的欲望是"不可能"，那是因为他在无限期地等待死亡，甚至无法承认死亡是存在的地平线。在《罗马报告》[4]中，他还向听众提到了古代占卜的做法，他认为这种实践"很不幸地未被很好定义"，并在这方面提到了

1　Jacques Lacan, « Variantes de la cure-type », in *Écrits,* p. 354.

2　同前。

3　Jacques Lacan, « La direction de la cure et les principes de son pouvoir », in *Écrits,* p. 597.

4　Jacques Lacan, « Fonction et champ de la parole et du langage en psychanalyse », in *Écrits,* p. 237 et suiv.

奥卢-盖勒（Aulu-Gelle）[1]。正如弗洛伊德遗憾于对"谜"缺乏深入的研究，拉康也对占卜的不清晰不恰当的使用表示惋惜。

我们对奥卢-盖勒[2]知之甚少，知道他在公元146—148年写作了《阿提卡之夜》，还知道他生活在罗马，而且他对divinatio这个词感兴趣。这个词在某些诉讼中被用到。在这些诉讼中，原告和被告相互依存，不能区分开来，因此必须通过divinatio（占卜猜测）进行评定，以便开始诉讼程序并确定原告。把两个行为人连接在另一桩"诉讼"中的联系，就是在分析情境中，通过分析工作者的"猜测"（divinatio），分析来访者被委托了承担提出话语指控的责任。当"猜测"提醒着我们"人类的命运取决于选择来提出话语

---

1 同前，p. 311；以及 « Variantes de la cure-type », in *Écrits,* p. 355。

2 也被译为奥路斯·革利乌斯，是罗马帝国的文学家和语法学家，从事司法工作。据作者自述，《阿提卡之夜》是在阿提卡的漫漫长夜中阅读各种书籍时所做的笔记。其内容从哲学、历史、文学、美学到法学无所不包，可称希腊罗马社会的百科全书。书中有大量的涉及希腊、罗马法律的篇章，内容涉及法哲学、刑法、民法等学术领域，是非常重要的罗马法和西方法律史参考资料。译注。

指控的那个人"[1] 时，这一术语便恢复了它的美德。此外，一个不重视话语的行动价值的社会是不可想象的：在人类日常生活功能和管理中，合适地说话就等于合适地判断。

我们现在就可以理解，在临床中弗洛伊德听见和坚持去猜测的移情。猜测直接联系于主体无法辨识自身的神秘信息。我们可以自问，我们在分析中通过移情之路面对的谜题，是否正是拉康提出的更为激进彻底的谜题："大他者想要什么，他对我有什么期望？"换言之，大他者（Autre）的欲望之谜，是"能指现实的秩序所在"[2]，是作为构建欲望的未知之地。

然而，如果我们一定要给（猜测）一个定义的话，在我看来，最接近弗洛伊德意义的一个定义是"找到词"，这是很好的表达，准确无误。或者还可以这样定义，"穿透谜题背后的隐藏意义"，这一点可以从《利特雷法语词典》[3] 对这个词的解释中清晰地看

---

1 Jacques Lacan, « Fonction et champ de la parole et du langage en psychanalyse», in *Écrits*, p.356.

2 Jacques Lacan, *Le Séminaire*, livre IX, *L'Identification,* séance du 27 juin 1962.

3 原文为"le Littré"，实指《利特雷法语词典》，初版于19世纪，是当时的主要法语词典，由法国哲学家利特雷主持编纂。译注。

出："商博良正是通过一种占卜穿透了许多象形文字的意义。"在这种情况下，猜测对弗洛伊德来说，等同于"知道如何阅读"。但是我们需要记住，这个非概念性的"猜测"从根本上讲是在与一些其他词语的差异中发挥作用的，这些词与它相近，并在它之后由它激发而起。它应该与让-米歇尔·雷伊（Jean-Michel Rey）故意称谓的"写作立场"相提并论。

在德语词典中，"猜测"还与对被掩盖之物的发现相关。例如，猜出一个人的欲望（Wunsch），就是去识别它，揭示它。拉康甚至比所有词典上的定义都更能让我们感受到这种驱动弗洛伊德精神运作的强大力量。"我们必须自己置身于弗洛伊德早期遇到这种新奇经历时的情景，我不想说是直觉，而更多是猜测，因为这是一个理解面具之外的问题。"[1]事实上，如果原因无法再现，就必须在后果中推断。在古代，占卜（猜测）的前提条件是时间顺序或因果关系，即事件的逻辑顺序，根据旨在排除偶然的一般逻辑，意义的转移（transfert）就自然可以进行。

1　Jacques Lacan, *Le Séminaire*, livre V, *Les Formations de l'inconscient* (1957-1958), Paris, Seuil, 1998, p. 321.

让我们回到拉康提及弗洛伊德关于各种无意识形成物的说法，"我摘下了它们的面具"[1]，并将其应用于症状，"我所谓的症状就是可分析的东西。症状是以戴着面具的、自相矛盾的形式显现的"[2]。它以一种封闭之物——面具的形式出现，掩盖着一旦揭下就会显露出来的东西。为了抓住这个难以捉摸的对象，有必要进行一次推测思辨的飞跃，因为这个难以捉摸的对象每次都在移情中将欲望掩蔽，它总是以掩蔽的形式出现。

对谜题的揭示

拉康说得很清楚："分析就是对一个谜语的回答。"[3]在同一次研讨中，他还说："谜是一种字里

---

1 Sigmund Freud, « La psychanalyse et l'établissement des faits en matière judiciaire par une méthode diagnostique», in *Essais de psychanalyse appliquée,* p. 48.

2 Jacques Lacan, *Le Séminaire*, livre V, *Les Formations de l'inconscient,* p. 324.

3 Jacques Lacan, *Le Séminaire*, livre XXIII, *Le Sinthome* (1975-1976), Paris, Seuil, 2005, p. 72.

行间的艺术。"[1] 从《精神分析的反面》（*L'Envers de la psychanalyse*）的研讨班开始，也就是他教学生涯的最后十年，他探讨了谜的功能。他将狮身人面像作为俄狄浦斯命运的轴心，并在这个怪兽（Chimére）的形象中发现了"半说"谜语的具象化。我们注意到，他在分析家的辞说（le discours de l'analyste）中将知识置于真相的位置时，也提出了"谜"的问题。他说，"谜"具有与真相同样的特征，永远只能被半说。他所说的"谜"是什么意思呢？他举了两个例子。第一个例子是，"什么是作为知识的真理？那就是言说（le cas de le dire）——如何在不知的情况下知道呢？这是一个谜"[2]。第二个例子来自他在意大利的系列讲座之一，他提到了怪兽。怪兽"具象化了癔症辞说的原始特征"。他补充说，怪兽给俄狄浦斯摆出一道谜题，"俄狄浦斯以某种方式回答了它，正是这样，他成为了俄狄浦斯"[3]。

他继续解释，谜是一种陈述活动（énonciation）：

1　同前，p. 68。

2　Jacques Lacan, *Le Séminaire*, livre XVII, *L'Envers de la psychanalyse,* p. 39.

3　同前。

"我要求你们把它变成一种陈述内容（énoncé）。尽你所能处理它——像俄狄浦斯那样，你们将承担后果。"[1]这就是谜，它不但满足于半说，还像弗洛伊德意义上的解释一样，总是与常识相冲突，常识总是试图直接解释并赋予意义。分析性解释在谜语和引文出处之间找到了媒介，"它们往往通过谜语建立起来。谜尽可能地从分析来访者话语网络中提取"[2]。正是人们对精神分析工作者的期望——要重新激活曾经断裂的知识与真相之间的联系，"正因如此，他才将自己限制在半说当中"[3]。

拉康在《精神分析的反面》研讨班的三年后，再次回到了知识与谜的衔接问题上："知识是一个谜。这个谜是由无意识展示给我们的，是被分析的辞说所揭示的。"[4]正是这种在很大程度上逃脱了言说存在的知识，才成为分析话语的起源。次年，他在《不上当的人流浪》（*Les Non-Dupes errent*）研讨班上指出，

1　同前。

2　同前，p. 40。

3　同前，p. 59。

4　Jacques Lacan, *Le Séminaire*, livre XX, *Encore,* p. 125.

"无意识是一种主体可以被当作谜而解开的知识"[1]，从而将主体置于代理人的位置。无意识解译由它建构的主体；无意识在强制中解译，直至获得一个主体的意义。请注意，这个研讨班的名字与另一个题为"诸父之名"（Les Noms du père）的研讨班在发音上是一模一样的，后者仅组织了一次（1963年11月20日），他曾说过再也不会提及那个研讨班。然而他还是回到了这个问题上，他使用了谐音的事实并不足以消弭他谜一般的个性："不要以为，"他强调，"我自己没有谜题。"[2]

两年后，在《圣状》（Le Sinthome）的研讨班中，通过对詹姆士·乔伊斯"这个关于谜题的伟大作家"[3]的阅读，拉康把谜置于一个联结的核心位置。这个联结指的是，他试图在"圣状"与波罗米结之间进行联结，"圣状"这个词与"圣人"同音，是症状的古代写法，而波罗米结是拉康后期制作的拓扑学形象。谜

---

1 Jacques Lacan, *Le Séminaire*, livre XXI, *Les Non-Dupes errent,* séance du 13 novembre 1973.

2 同前。

3 Jacques Lacan, *Le Séminaire*, livre XXIII, *Le Sinthome,* p. 153.

就存在于陈述活动（E）与陈述内容（e）的关系当中。这次讨论中，他再次强调了谜就是一个陈述活动，它的力量来自鲜活的或者诗性的话语，乔伊斯把它赋予写作，值得人们对其进行充分的研究。

　　弗洛伊德有多热衷于将俄狄浦斯视为谜语的破译者，拉康就有多热衷于把乔伊斯视为试图通过编织谜语的方式来破译自己谜语的人。乔伊斯在文本中塞入了各种各样的谜语，它们就如同许多的骨头，供未来的评论家和注释家啃咬。拉康认为，这种谜一样的写作是乔伊斯对成就自己的姓氏的回应，从而弥补父姓隐喻的缺陷。乔伊斯的名字也让人联想到英语中的"joy"（快乐），如同德语中的"Freude"，表示"快乐""高兴"[1]。拉康不失时机地在索邦大学做的关于乔伊斯的演讲中就提到了这种紧密的关联。在另一个场合中，1956 年 5 月 16 日，为了纪念弗洛伊德诞辰一百周年，拉康在维也纳发表了题为"世纪中的弗洛伊德"的演讲[2]。首先他提及弗洛伊德的姓氏，包含了许多的历史信息：16 世纪的当权者强迫

1　Freude 与弗洛伊德的姓氏同音。译注。
2　Jacques Lacan, *Le Séminaire*, livre III, *Les Psychoses* (1955-1956), Paris, Seuil, 1981, p. 263 et suiv.

犹太人必须有一个姓氏，弗洛伊德的祖先们就选择了这个女性名字作为姓氏。弗洛伊德曾多次用自己的名字——意为"快乐"来玩文字游戏，尤其是在《释梦》一书和他早期写给未婚妻玛莎的信中。

维也纳的神谕

尽管看起来不太可能，但德尔斐（Delphes）圣殿——一个与delphus（子宫）非常接近的名字，供奉着"世界之脐"（Omphalos），这是拉康与弗洛伊德汇合，回应维也纳神谕的地方："移情必须被猜出。"

拉康在其《认同》（*L'Identification*）研讨班中反驳了康德的断言，认为分析家面对的始终是"严格意义上的命运（fatum），因为我们的无意识是一个神谕"[1]。但直到十年后，他在《一个不是假装的辞说》（*D'un discours qui ne serait pas du semblant*，1971年）

1　Jacques Lacan, *Le Séminaire*, livre IX, *L'Identification,* séance du 28 février 1962.

的研讨班中，才将分析性解释的神谕维度重新置于其研究的中心。他说了这样一段引人注目的话：

> 如果说分析经验从俄狄浦斯神话中获得了其高贵的头衔，那是因为它保留了神谕的陈述活动中最鲜明的部分。我还想说的是：解释始终停留在同一层面，像所有的神谕一样，它只是在后续中才成为真的。解释并不是为了检验一个可以用"是"或"否"来决定的真相，而是为了释放真相本身。[1]

拉康用这种方式证明了他对弗洛伊德的忠诚。十年前，他在对《鼠人》的分析中，不也曾为弗洛伊德的解释所带来的占卜猜测的意义而"惊叹不已"吗？实际上，他为他们能够解开想象性的圈套（rets）而欢呼，弗洛伊德的病人曾作为一只老鼠（rat）深陷其中……在《一个不是假装的辞说》研讨班中，他将分

1　Jacques Lacan, *Le Séminaire*, livre XVIII, *D'un discours qui ne serait pas du semblant* (1970-1971), Paris, Seuil, 2006, p. 13.

析解释与野蛮解释区分开来，将其从为常识所困的僵局中解脱出来：解释的目的，与其说是向分析来访者揭示他的症状、行为、口误、梦境以及他与分析工作者之间关系的意义，不如说是减少过度的意义，以便让病人抵达关于其行动决定因素的前所未有的知识。

这种在谜语和引文之间进行操作的"意义的减缩"，在歧义和文字游戏中找到了它的有效性。拉康认为，它的作用在于揭示无意义（non-sens，荒诞）的一面，独特的意义是基于无意义这一面的。事实上，歧义是分析解释的信条："只有通过歧义，解释才能运作。"[1]我们在他最后的一次研讨班上读到："我们需要歧义，这是对分析的定义……"[2]从那时起，拉康从未停止过游戏语言的歧义性，以至于在他生命的最后阶段，他将自己减缩为一个多义的人。

拉康和弗洛伊德一样，非常熟悉希腊传统。例如，他不可能不知道希腊语中的"kibdèlos"一词在提到神谕时是"歧义"的意思，也不可能不知道神谕的特点是它不回答——它做了一个手势（sèmainei），

1　同前，séance du 18 novembre 1975。

2　Jacques Lacan, *Le Séminaire*, livre XXV, *Le Moment de conclure* (1977-1978), séance du 15 novembre 1977, inédit.

这源自赫拉克利特著名的残篇 93：神谕"不说话，不隐藏，它指示（sèmainei）"[1]。神谕以晦涩和歧义的形式传达给就知识提出疑问的人，这些知识与他相关，而他却对此一无所知。神谕以一个谜题的形式呈现。咨询者并不怎么指望神谕能预测未来，而是更希望它能指出最有利的道路。阿波罗是发声和话语之神，其目标很明确："每一个神谕都是语言的胜利：它以成功命名的荣耀为自己加冕。"[2] 咨询者的决定来自他的无意识。神谕命名了他的欲望，也赋予他解释神谕的任务。神谕的智慧取决于祭司，他们仍然被称为先知、神谕的解释者或记录者，他们拥有神学知识，并适当地将咨询者的信息保存为档案。他们协助皮提亚[3]，将她发出的无意义吟诵转录成诗歌的形式，通常是六音步诗篇，这是表达德尔斐神谕歧义性质的最佳方式。事实上，没有什么比诗歌更模棱两可的了，诗歌可以游戏文字，同时创造出意义和无意义。

---

1 *Les Présocratiques*, Paris, Gallimard, coll. « Bibliothèque de la Pléiade », 1988, p. 167.

2 Jean-Paul Savignac, *Les Oracles de Delphes*, Paris, Orphée/La Différence, 1989, p. 16.

3 la Pythie，德尔斐阿波罗神庙中宣示阿波罗神谕的女祭司。译注。

拉康在《结束的时刻》（*Le Moment de conclure*）研讨班中指出，"只有诗歌使解释成为可能"[1]，并补充说："分析来访者创作诗歌……分析工作者则进行切割。他之所说就是切口，也就是说，切口参与了书写，只是对他来说，这一参与是在拼写上制作歧义。"[2] 他坚持这一活动的游戏性质，它在我们所遵循的网状结构上完美登录："在所有的自由的意义上有很多游戏。它游戏着，在词的通常意义上游戏。"[3] 歧义也是他赋予无意识（*Unbewusste*）的核心意义，他用谐音的歧义将其翻译为"一个失误"（l'une-bévue）[4]。

当弗洛伊德声称对梦和其他一些无意识形成物的解释很容易学会时，他依赖的是解码法。另一方面，他补充说，移情需要的是另外一种精神资源，因为没有患者给定的文本，而是必须在瞬间的灵感中产生。

1　Jacques Lacan, *Le Moment de conclure,* séance du 15 novembre 1977.

2　同前，séance du 20 décembre 1977。

3　同前。

4　"Unbewusste"是德语"无意识"的意思，"une-bévue"是"Unbewusste"在法语里的同音词，但"une-bévue"的意思是"一个失误"。拉康在这里玩了一个谐音的游戏。译注。

拉康将弗洛伊德的这一"说"比作诗歌，它与训导和说教式的解答相反，它要把不可还原的荒诞性（无意义）凸显出来。在拉康的意义上，主体正是从这种荒诞中抽取出"离在"（ex-sistence）的。换句话说，猜测的解释揭示出主体归属于能指的序列，他意识到自己并不是这种秩序的主人。正是移情的真相及其虚构的结构编织起我们历史的诗歌，这就是为什么单靠医生无法破译无意识，还需要诗人[1]。弗洛伊德在决定着手构建摩西故事这一大胆尝试时，他写道："我们正在触及诗人的自由……当历史和传记中存在着无法弥补的空白时，诗人可以进入其中，尝试着猜测事情是如何发生的。"[2]

1　Jacques Derrida, « La langue n'appartient pas », in *Europe*, janvier 2001, p. 90. "我称诗人为'为写作事件让路的人'，写作事件赋予语言的本质以新的躯体，使其在作品中显现出来。"

2　Sigmund Freud, Arnold Zweig, *Correspondance (1927-1939)*, Paris, Gallimard, 1973, lettre du 12 mai 1934, p. 114.

苏格拉底，精神分析的先驱

弗洛伊德笔下的俄狄浦斯是"解开著名谜题"的英雄，柏拉图著作中的苏格拉底也因"移情"的荣耀而不朽，这两个典范都以自己的方式将神谕之言贯彻到底。被弗洛伊德视为人类命运象征的俄狄浦斯，他被酒鬼说的"冒牌儿子"的话所折磨，于是对自己的身世产生怀疑而去请教神谕。但神谕像往常一样没有回答，只是重复了之前告诉他父母的内容。随后，俄狄浦斯踏上了致命的征途，从他童年生活的科林斯远赴底比斯，途中杀死了他的父亲拉伊奥斯，而那时这位生父也正在前往德尔斐神庙请教神谕的路上。

至于苏格拉底，当他儿时的一个朋友凯勒丰（Chéréphon）请教神谕，询问世界上是否还有比苏格拉底更有智慧（sophos）的人时，皮提亚回答说完全没有。苏格拉底为了弄清这句圣言的真伪，就对那些以聪明著称的人进行了一番调查。之后他得出结论：那些相信自己知道的人的确不如他苏格拉底智慧，因为苏格拉底知道自己不知道。从那时起，苏格拉底的目标就是教育无知，把人们逼入绝境：他让自己成为一只"牛虻"，永不停歇地唤醒他们。他声称自己是被迫从事这种"骚扰"活动的。柏拉图在《苏格拉底的申辩》中写道:"神通过神谕、通过梦境向我指示了这一切。"[1]他想象并说服自己,神召唤他、命令他通过哲学思考和审视自己及他人来生活。而拉康将围绕这一非同寻常的欲望来编织分析家欲望。

在十字路口,通往德尔斐的道路将把我们引向移情和分析家欲望的问题,"归根结底,是移情和分析家的欲望在精神分析中起作用"[2]。

---

1 Platon, *Apologie de Socrate*, 33 c, in *Œuvres complètes*, p. 171.
2 Jacques Lacan, « Du "Trieb" de Freud et du désir du psychanalyste » (1964), in *Écrits*, p. 854.

第七章　从弗洛伊德的欲望到
分析家的欲望：欲望的渡者

欲望在精神分析出现之前就被认为是人的本质和人的生命能量。但是，是弗洛伊德发现了欲望的无意识动力，并通过梦、妙词、过失行为、遗忘和症状等形式将其展现出来。为了让主体了解他们欲望的语言，精神分析及其自由联想被发明出来。这是单数的欲望。当然存在着复数的欲望，常常是幻觉性的可触及的愿望，有时在可识别的对象上实现。但单数的无意识的欲望是我们每个人所有的，指导我们生活方向，这个欲望是我们独一无二的真相，是我们隐秘的未知，是栖息在我们身上的相异性。

弗洛伊德认为，欲望是"坚不可摧"的，不能被化约为任何正常化的尝试，也不能被化约为我们对自身利益的追求。它趋向于享乐，但并不等同于享乐；它可以是快乐，但也可以是痛苦。它有作为其原因的客体，但这些客体仍未被定义：这就是为什么雅克·拉康为这种不可沟通的对象客体创造了一种代数写法，他称之为"客体小 a"，这种客体在幻想中占主导地位。

我们无法结束无意识欲望的悖论，因为它不能以单一的方式确定，它是双关和多义的。当弗洛伊德通过释梦唤醒沉睡的人时，他指出，对于言说存在的每一个无意识欲望，都没有可能的直接的翻译。作为语言效果的欲望，只有当它在另一个人面前被表达出来时，它才会被承认。如果不被承认，它就仍然是被禁止的。一旦它被传递，它就变得可解释。这就是为什么拉康说"欲望只能通过解释来把握"[1]，前提是必须有一个精神分析家承认它，而不是任其沦为落空的词。要进行解码，就必须有可解读之物和解释者的欲望在场。因此，这个解释破译者的欲望与弗洛伊德发明的分析密不可分，是精神分析及其基本概念的本质决定因素。

1　Jacques Lacan, « La direction de la cure et les principes de son pouvoir », in *Écrits,* p. 623.

这里有几个参考点，可以作为理解拉康的两种表达（弗洛伊德的欲望和分析家的欲望）的基础，然而这两种表达并不容易把握。

弗洛伊德，有欲望的人 [1]

"弗洛伊德的欲望"这一表达是拉康在《精神分析的四个基本概念》研讨班的第一次讨论中提出的。它出现在一个关键时刻，在他于 1964 年被国际精神分析协会（IPA）从分析家名单上除名之后，也是他创建巴黎弗洛伊德学院（EFP）之时。然而，两个月前，他在圣安娜医院举办了一场题为"诸父之名"的研讨会，开始质疑起源的问题，即"弗洛伊德的欲望是凭借着何种优势发现了无意识之境的入口的"[2]。由于与法国精神分析协会的分裂，这次研讨会被缩减为一次，即 1963 年 11 月 20 日的那次研讨。

弗洛伊德从未分析过欲望的强制力，事实上是这

1　同前，p. 642。
2　同前，p. 21。

种强制力让他面对了癔症女性患者的欲望之谜。拉康明确指出："至于弗洛伊德的欲望……我说过，弗洛伊德的分析实践领域仍然依赖于某种原始欲望，这种欲望在精神分析的传递过程中始终扮演着模棱两可却又普遍存在的角色。"[1]

"弗洛伊德的欲望"可以从"的"的客观或主观的从属意义来理解，既可以理解为他的欲望对他自己的强制力，也可以理解为他的欲望对那些在他之后誓要占据分析家位置的人的强制力。拉康在《精神分析的四个基本概念》研讨班的第一部分中触及了弗洛伊德的欲望，他是通过谈论苏格拉底的欲望而触及弗洛伊德的欲望的。他将苏格拉底置于移情问题的中心位置，并将其视为"分析的先驱"[2]。我们可能会惊讶地发现，他不得不通过苏格拉底神秘的欲望来接近弗洛伊德那同样神秘的欲望。而正是这种讶异引导了我在这一研究中的思考。

1　Jacques Lacan, *Le Séminaire*, livre XI, *Les Quatre Concepts fondamentaux de la psychanalyse,* p. 22.
2　Jacques Lacan, « Subversion du sujet et dialectique du désir dans l'inconscient freudien » (1966), in *Écrits*, p. 825.

弗洛伊德的欲望，谜的欲望

关于弗洛伊德的欲望，我们可以说些什么呢？他走过了怎样的无意识之路才发现了无意识，并创造了如此意义深远的发明，在思想史上留下了如此浓墨重彩的一笔呢？拉康的一句话或许可以帮助我们找到这个问题的答案："除了弗洛伊德，其他每个人对移情动力所做的贡献，难道不是一些从中可以完全体现他们欲望的东西吗？"[1]正是在卡尔·亚伯拉罕（Karl Abraham）、桑多·费伦齐（Sándor Ferenczi）和赫尔曼·农伯格（Herman Nunberg）的移情概念中，拉康读出了他们的欲望。那么"除了弗洛伊德"又是什么意思？如果说有谁对移情的动力学做出贡献，那一定是他，怎么会除了他呢？对弗洛伊德的欲望有各种不同的解释：乱伦的欲望、父亲的欲望、知识的欲望……我提出了**"谜的欲望"**这一说法，它可以为对弗洛伊德欲望的多种解释提供一条通往知识和真理的

---

1 Jacques Lacan, *Le Séminaire*, livre XI, *Les Quatre Concepts fondamentaux de la psychanalyse,* p. 178.

独特道路，以及通往其幻想表述的独特道路。

我们注意到，每当弗洛伊德在他的作品中遇到无法解释的事实时，他就会说到"谜"（*Rätsel*）[1]，这个词与相关的"猜测"（*erraten*）一词的词根相同。无论我们谈论的是癔症——"这种总是令人费解的疾病"，还是"过失行为之谜""症状之谜""幼儿性欲之谜""两性差异之谜""女人之谜""移情之爱之谜""暗示之谜""达·芬奇之谜""焦虑之谜""梦之谜"，或者最后以一种普遍的方式说，"神经症之谜"，他笔下出现并渗透其分析理论的始终是同一个"能指"——谜（*rätsel*）。

这是来自口语知识的证据，如果我们相信"aïnigma"和"aïnos"（词、故事、句子、谚语、神话[2]）之间的亲缘关系，那么"aïnigma"和"aïnos"都是通过口耳相传的知识。这是指一个难以理解的"话语"，一个被束缚的话语，等待着被解开；通过语言的多义性游戏，它带来了对新秩序做出回应的人。因此，谜语游戏似乎是希腊语 agôn（竞争）意义上

1　Catherine Muller, *L'Énigme, une passion freudienne*, Ramonville Sainte-Agne, Érès, 2004.

2　Mutos，即"神话"，也有"话语"的意思。

的一种社交游戏。在这种游戏中，人通过自己的智慧和求胜的意志，显示出自己相对于对手的优势。深谙古典文化的弗洛伊德知道，在神话文本或仪式叙事中，谜题几乎总是与生命的赌博联系在一起。这就是著名的格言"要么猜出，要么死"中的关键动力。拉康并没有忘记这句话的重要性："我告诉你们，真理只能以半说的形式被说出，我把它以谜语的模式交给你们。因为它总是以这种方式呈现在我们面前，当然不是以问题的状态。谜是一种促使我们在致命危险中做出反应的东西。"[1] 我想起了弗洛伊德的一句话："在生命的游戏中，一旦不再能拿最高的赌注即生命本身去冒险时，生命就变得贫乏，失去了乐趣。"[2]

19 世纪，谜语（*Rätsel*）文学蓬勃发展。从日常到抽象，任何事物都可以用来制造谜团：来源繁多，机会无限。人们可以在日历中找到谜语，在席勒、歌德和海涅等开明人士的圈子里，谜语也得到了认真的实践。在维也纳，弗洛伊德参加了以弗朗茨·布伦塔

1　同前。

2　Sigmund Freud, « Notre attitude devant la mort », conférence faite à la société B'nai B'rith. Cité par Ernest Jones, *La Vie et l'œuvre de Sigmund Freud*, t. II, p. 394.

诺（Franz Brentano）1879年出版的《新谜语》为依据的小谜语竞猜活动。正如与之密切相关的哲学辩证法的实践一样，要想在谜语"比武"中理所应当地占有一席之地，就必须对规则了如指掌。这些谜语的谜底都以书面形式给出，保留给那些被认为有资格获得谜底的专家。

关于弗洛伊德对谜语的强烈兴趣，我们也许可以找到更细节化的另一条线索。1908年2月10日，弗洛伊德在给费伦齐的回信中告诉他，刚刚在费伦齐的陪伴下度过的周日是多么强烈地激发了他搜集谜语和谜团的兴趣："您对谜语的关注让我甚是喜悦。您知道，谜语运用了谐音所隐藏的所有技巧，平行研究肯定会很有启发。还没有人跟随我走过这条路……"[1] 事实上，早在三年前，弗洛伊德就在《诙谐与无意识的关系》（*Le mot d'esprit dans ses rapports avec l'inconscient*）一书中，两次将谐音与谜语区分开来："在谜语中，技巧是明示的，因为它构成了需要满足的条件，陈述的文字只能靠猜测，而在谐音中，文本已经

---

1 Sigmund Freud, Sándor Ferenczi, *Correspondance*, lettre du 11 février 1908, Paris, Calmann-Lévy, 1992, p. 7.

给出，技巧是隐藏的。"[1] 在谜语中，文本没有给定，因此需要猜测，而这种精确性恰好与弗洛伊德关于移情的要求相对应。

"谜"不是简单的小谜语，也不等同于神秘。精神分析中的谜，就像科学领域中的谜，总是指向另一个谜。它们有这样的特征：永不能被全部解决。它们无法填充和满足意义。它们总有某个不可简约的残余，被弗洛伊德称为"梦之脐点"的实在。因此，在弗洛伊德那里被唤起的对谜的欲望，并不等同于归结在分析家位置上的可能获得的构成性知识的欲望。在每种情势当中，都会产生一种不可知的知识，这种知识作为一种无意识的欲望贯穿了主体。物理学家、历史学家和科学哲学家托马斯·库恩在其最著名的著作《科学革命的结构》（*The Structure of Scientific Revolutions*）中说，"正如我们理解的那样，谜指的是那些给每个人提供机会证明自己的聪明才智或技巧的具体问题"[2]，或者"成功的人表明自己是解决

1　Sigmund Freud, *Le Mot d'esprit dans ses rapports avec l'inconscient* (1905), Paris, Gallimard, 1988, p. 82, note 1.
2　Thomas Kuhn, *La Structure des révolutions scientifiques*, Paris, Flammarion, 1983, p. 62.

这些谜的专家，谜带来的挑战构成了他动力的重要部分"。科学家们正是因为深信自己能够破解别人无法破解的谜题，才会如此不懈地、满怀激情地、有条不紊地投入到研究工作中。

弗洛伊德在《非医学的精神分析》一书的后记中表达了由谜带来的挑战。他写道，严格来说，他并没有受到医学使命的感召，但在年轻时他感到"迫切需要了解这个世界上的一些谜，或许还能为解决这些谜做出一点贡献"[1]。他给自己设定这样的目标就是让自己面临非凡的命运，他曾多次打趣自己，回忆起人们夸赞他的预言，这些预言影响了他的个人成长。作为一个勤奋好学、才华横溢的学生，他享受着家庭中的优越地位，他注定要成为一个"伟人"，更确切地说，一个英雄。他对著名人物的认同的例子不在少数。我们已经看到了他对索福克勒斯笔下的英雄俄狄浦斯的认同，这位获得巨大力量的谜语破译者，被铭刻在弗洛伊德的半身雕像上，周围环绕着卓越的学者们。谜语的欲望是一种飞跃，是一种通向英雄地位的冒险。

在他写给朋友罗曼·罗兰的信中，他讲述了关于

1　Sigmund Freud, *La Question de l'analyse profane,* p. 146.

雅典卫城的感受。雅典卫城对父亲雅各布这个卑微的商人来说毫无意义，缺乏后期教育的他被自己"天选之子"的儿子远远超过。处在西方文化制高点上的弗洛伊德感觉自己"像一个完成了不可思议壮举的英雄"[1]。他时年48岁，是一门新科学的创始人，这门科学向世界揭示了迄今为止未知的精神领域的意义。他战胜了父亲，征服了母亲，并使自己的父姓不朽。

对无意识的英雄式的探索是他一生的动力。精神分析从未让他向自己的欲望让步。他深信自己注定要完成一项雄心勃勃的计划，虽然他自己并不知道是什么，但与他密切相关。他宣称："我知道我有一个待完成的使命。我无法逃避它，也赶不到它的前面去。我将等待它的到来，在此期间，我将以我所学到的方式对待我们的科学。"[2]这种态度可以与拉康选择的苏格拉底的态度相媲美，苏格拉底没有背离德尔斐之神召唤他担任的职务。德尔斐之神告诉他，他身上有一种超越人类的东西在驱使他忽略自己的事务，去投

---

1 Sigmund Freud, « Un trouble de mémoire sur l'Acropole » (1936), in *Résultats, idées, problèmes*, t. II.
2 Sigmund Freud, *Discussions sur l'onanisme* (1912), OCF. P XI, Paris, Puf, 1998, p. 163.

身于他人的事务。

　　每一次创造性的行为都是对现存术语集合的一个飞跃。比起将真理纳入一个体系的排他性视角，我更喜欢细节，更喜欢"几近于无"（presque-rien），我将赌注押在《超越快乐原则》的弗洛伊德身上。为了阐述"死亡冲动"，这个强加给他的作为所有冲动的普遍性目标，弗洛伊德不得不克服自己的疑虑，他说"我不知道我在多大程度上相信它"[1]，甚至冒着迷路的风险。当时引导他的并不是一个源于直觉的念头，而是"某种理智的公正性"。但是在科学和生活的重大问题上，他并没有被所谓的公正性的要求所迷惑。这些谜团涉及"背后的东西"（弗洛伊德就是这样称呼它们的），这与斯芬克斯之谜的原始形式（即要求给出意义并将其终结）是截然不同的。它们也不像侦探的谜题，一旦解开，问题也就结束了。涉及科学和人生重大问题的谜题，即便能够解开，也总会引出其他谜题。

　　事实上，弗洛伊德非常清楚，由于理论家受"根

1　Sigmund Freud, *Au-delà du principe de plaisir*, OCF.P XV, p. 333.

深蒂固的内心偏好所支配，他会在不知不觉中让这种偏好在他的思辨中起作用"[1]，因此每个作品都有不可缩减的主观因素。这正是弗洛伊德令我钦佩的地方，也是在我看来他有别于大多数人的地方。他从不否认科学精神，将自己的策略付诸实践，但又不躲在所谓客观性的面具后面。他把人重新置于自己的位置之上，就像古生物学家斯蒂芬·杰伊·古尔德（Stephen Jay Gould）所说的那样，人是"宇宙的意外"。

这种立场赋予了精神分析一种特别的原创性地位，这种地位或许也影响了一些当代科学理论家，让他们向某种规范性和操作性的理性霸权话语发出挑战，这种霸权的话语试图将人类现实简化为可计算和可控制的。

弗洛伊德的分析家欲望

在关于非医学的精神分析的辩论中，弗洛伊德站在精神分析事业的立场上撰写了一篇辩护文章，呼吁

---

1 同前，p. 334。

分析独立于任何形式的意识形态或制度。在这一点上，他承认自己与他的弟子们不同，他写道："他们准备在一个对他们并不明朗的重要问题上做出牺牲。"[1]这个重要问题就是分析，出于对自己欲望的忠诚，弗洛伊德准备捍卫这一发明。因此，他也有结论：人总是通过某种超越极限的方式来获得欲望的经验。在谈到一位自诩为了研究精神分析而牺牲了所有其他兴趣的医生时，弗洛伊德说道："这并不是值得炫耀的事，选择精神分析是个人命运的一部分。"[2]西奥多·雷克（Theodor Reik）记录的这段话证实了弗洛伊德之前曾写过的话："精神分析工作是微妙而痛苦的；不可能把它当作时而戴着时而取下的夹鼻眼镜；你要么完全属于精神分析，要么根本不属于它。"[3]弗洛伊德对自己作为分析家欲望的承诺不允许任何限制或妥协，必须排除"幻觉和欺骗"。

虽然"分析家的欲望"由拉康提出，弗洛伊德却

---

1 Sigmund Freud, *La Question de l'analyse profane,* p. 122.
2 Theodor Reik, *Trente Ans avec Freud*, Paris, Complexe, 1975.
3 Sigmund Freud, *Éclaircissements, applications, orientations*, OCF.P XIX, p. 37.

已在他的理论和临床著作中以完全清晰的方式将其付诸实践。这样的例子不胜枚举。有两个摘自《五种精神分析》的例子，让我们很容易就能理解他的反移情与移情中的分析家欲望的区别。在"杜拉"和"鼠人"这两个案例中，他的分析家的欲望构成了分析行动的基础。我们所面临的挑战不是通过"清算"移情的唯一性解释来固化移情，而是要能够承受并猜出它。如果分析家不能及时猜出，治疗就会中断。"**猜测**"是弗洛伊德词汇中的常用术语，它受到其自身联想链的强制，但也与弗洛伊德面对的对象直接相关。这个冲动对象实际上处于可以把握的极限上，因为移情的力比多性质远远超出了理性的测量，是逻辑批判无法触及的，并且与现实（Wirklichkeit）相矛盾。用弗洛伊德的话说，移情的表现可以与逻辑错误相类比，因此在移情中，"规则对我们不再有任何帮助"[1]，因为"它推翻了我们所有的算计"[2]。弗洛伊德把这个不可知的东西称为"脐点"，它总是逃离那些能表现它的东西。

---

1 Sigmund Freud, Oskar Pfister, *Correspondance,* lettre du 5 juin 1910, p. 75.

2 Sigmund Freud, *Introduction à la psychanalyse,* p. 419.

后来拉康认为，分析家为病人提供的不是"纯粹"的欲望，而是被分析家的无意识经历重构过的欲望。这与促进爱的自恋维度不是一回事，也与放纵自己的情感和冲动不是一回事。如果治疗不只是作为暗示发挥作用，分析家就必须有欲望。享受暗示的力量向来是弗洛伊德所厌恶的，他从未停止敦促他的学生放弃行使这种力量，以便为病人保留其非控制的维度。从他的实践一开始，他就没有屈服于治疗中的爱的欺骗，后者旨在让分析家从他的位置上跌落下来。拉康对分析家的这种不懈追求的欲望很感兴趣，他想知道"为什么弗洛伊德能如此彻底地悬置关于爱的事情。这种悬置允许他能够在分析操作中把握中心位置，从而让欲望作用下的整个人类戏剧得以展现"[1]。

拉康被这个问题占据，他通过重读柏拉图的《会饮篇》，把同样神秘的苏格拉底的欲望与弗洛伊德的谜的欲望联系起来，试图回答分析家的欲望应该是什么，从而分析家才能正确地开展治疗。拉康意识到这种欲望难以把握，事实上他也在不同的文本中对它有

---

1 Jacques Lacan, *Le Séminaire*, livre XV, *L'Acte psychanalytique,* séance du 21 février 1968, inédit.

不同提法，但我们不能回避它，因为它提出了一个问题，即精神分析家期待着什么。

雅克·拉康认为的精神分析家的欲望

在精神分析中，最终起作用的是分析家的欲望。[1]

分析家的欲望，这种措辞很早就出现在拉康的教学中。早在 20 世纪 60 年代就出现的这一术语，引发了一场名副其实的热潮，并产生了大量的文章和书籍。尽管它已成为拉康派公认的显著标志，但它仍保留着许多未解之谜。在 1978 年 1 月 7 日和 8 日于多维尔城举行的关于"通过制度"的研讨会上，拉康本人在会议结束时做了总结发言，谈及他对"通过制度"的失望，因为"通过制度"让他"在评价自己被授权

---

1 Jacques Lacan, « Du "Trieb" de Freud et du désir du psychanalyste » (1964), in *Écrits,* p. 854.

为分析家的东西中"[1]毫无头绪。

这里不是要重复盘点欲望在拉康的教学中所出现的情况，而是完全自由地沿着我经常阅读他的文本后留下的鲜活联想线：弗洛伊德的欲望——癔症女患者的欲望——苏格拉底的欲望——分析家的欲望。

分析家的欲望之谜是什么？它不是想作为分析家或成为分析家的欲望，也不是分析家的无意识欲望，而是另一种新的、未曾有过的欲望——用拉康的话说。战后他根据自己的临床经验强调了这一欲望，同时这种强调也是对二体心理学（two-body psychology）和分析家资格的回应。分析家资格应以分析家冷漠且沉默的姿态为基础，要让分析家足够遵循建立起来的框架，以此作为"良好"训练的保证。至于对分析家反移情的标定，拉康认为标定是必要的，但他还认为应该更往前走一点。

1960 年 6 月，在罗约蒙（Royaumont）的会议上，也就是在他的《精神分析的伦理学》研讨班正式提出这个概念的前两年，他提出一个观点："需要制

1　Jacques Lacan, « Conclusion des Journées de l'E.F.P. à Deauville (sur la passe) », *Lettres de l'École freudienne de Paris,* p. 180-181.

定这样一种伦理学，它将弗洛伊德对欲望的征服整合起来：把分析家的欲望问题放在首位。"[1]建立在精神分析家的欲望之上的精神分析伦理学在清晰的解释中上演：这就是他的雄心。这个理论的新颖之处在于，它坚持分析家不是作为一个人，而是作为一个地点，向分析来访者提供足够的空间，以便后者能够在那里找到自己幻想的对象，并认识自己的欲望。正是这种独立于个案且极具特殊性的欲望在治疗中发挥作用。他明确说道："分析工作者要给出的……无非是他的欲望，与被分析者[2]一样，只不过后者的欲望是已被告知的。"[3]

被告知的欲望是指在治疗过程中通过阉割的作用产生的一种新欲望："这就是他所拥有的一种比其他所有欲望更强烈的欲望，即与病人开门见山，将他拥入怀中或将他抛出窗外。"[4]这是一种比普通激情更

1　Jacques Lacan, « La direction de la cure et les principes de son pouvoir », in *Écrits*, p. 615.
2　原文用的是"l'analysé"，所以在这里翻译成"被分析者"。译注。
3　Jacques Lacan, *Le Séminaire*, livre VII, *L'Éthique de la psychanalyse* (1959-1960), Paris, Seuil, 1986, p. 347.
4　Jacques Lacan, *Le Séminaire*, livre VIII, *Le Transfert*, p. 221.

强烈的欲望。正是在这里，拉康找到了苏格拉底的欲望，它早于弗洛伊德 25 个世纪，但是拉康将其与弗洛伊德的欲望联系起来，阐述了他的**分析家欲望**的概念坐标。在他看来，苏格拉底是第一个认识到欲望真正本质的人，他让我们"在苏格拉底和他的欲望中，体验到精神分析家从未触及的谜团"[1]，解答了移情之爱的谜团，并奠基了**分析家的欲望**。

苏格拉底爱阿尔西比亚德斯，也爱年轻男孩的身体。然而，就在阿尔西比亚德斯千方百计挑起苏格拉底欲望的那个夜晚，后者却不在他所期待的地方。分析家需要的正是苏格拉底著名的"无托邦"（atopie）[2]。阿尔西比亚德斯信誓旦旦地说，是苏格拉底那闪闪发

---

1 Jacques Lacan, « Fonction et champ de la parole et du langage en psychanalyse », in *Écrits,* p. 293.
2 由否定前缀 a 和表示地点的 topos 构成的希腊词语。苏格拉底的"无托邦"表现在他信念（doxa）中的反传统和特立独行上。这个具有地点意义的词与弗洛伊德的地形学及拉康的无意识拓扑结构相联系。拉康致敬了苏格拉底的立场：欲望之地的中心点乃是类似于死亡的纯粹空间、欲望的空洞。"对于苏格拉底来说，欲望没有立足之地，欲望只是言说的欲望、揭示话语的欲望、永远揭示的欲望。这就是苏格拉底的'无托邦'，在他之前没有任何人占据过这片纯粹之地。"由于他的辞说处于"外部"的特殊位置，拉康认为这就是强加给精神分析家的位置和立场。译注。

光、带有阳具的"小神像"（*agalmata*）激起了他的移情之爱。然而非凡之人苏格拉底不上当，他不会拿铜去换金子。至于阿尔西比亚德斯对他的爱的赞美，苏格拉底告诉他，那是对另一个人（即阿伽通）说的。并且苏格拉底补充说，简言之，你在我一无所有之处看到了美好，你在我毫无价值之处看到了某些价值。于是苏格拉底把引起贪念的对象作为误解独立出来，并拒绝给它的幻影一个空名。拉康认为，这使得他的干预成为分析解释和分析家立场的典范。这一幕让人想起弗洛伊德对从催眠中醒来的年轻女子的解释。为了证明弗洛伊德的立场是正确的，拉康认为"这是因为分析家能够说，'我被更强烈的欲望所占据'"。他还确切地说："作为精神分析家，只要他的欲望经济中有这样的变化，他就会说出这样的话。"[1]

要产生一个分析家，除了治疗，分析的结束是什么样的，这仍然是一个开放的问题。一个能够在适当的时候说话或保持沉默的精神分析家，一个能给出干预或解释从而改变分析来访者身上某些东西的精神分

1　Jacques Lacan, *Le Séminaire*, livre VIII, *Le Transfert*, p. 221.

析家，最重要的是，一个能够承受移情并承受移情起作用的不同情境的精神分析家，一个懂得治疗神经症而不在真相上要花招的精神分析家。精神分析家能够在自己身上制造某种虚空，时而具象化为分析来访者的大他者，时而具象化为他的冲动客体。这并不意味着分析家必须完全控制自己，没有幻想或激情，或以苏格拉底为榜样。这种欲望肯定不能被描述为纯粹的欲望或牺牲的欲望。它来自欲望的转化。为了思考移情的"不可思考"，拉康从它对分析的阻抗面入手、从爱的欺骗的尽头切入，将欲望的真理功能置于它的尖端。

当主体认识到他的无意识就是他的历史时，当从神经症中获得的快乐变得多余时，换句话说，当我们不再从痛苦中获得享乐时，移情就解开了。当主体穿越他的要求的无限重复（归结为对原初之爱的要求），而不再疲于徒劳地填补"大他者想要什么"（Che vuoi？）[1]之谜的深渊时，"换句话说，当主体从对大他者的异化的要求中解放出来时，他就不再疲于奔

<hr />

1　这个问题抽取自奇幻小说家雅克·卡索特（Jacques Cazotte）的《恋爱中的魔鬼》。

命"。因此，对客体的价值进行哀悼，将假设知道的主体还原成"他本来的样子"以及"他的剩余物"，分析的行动就告终了，超越所言。

让我们重新回到拉康在分析柏拉图的《会饮篇》时所说的"爱的隐喻"。治疗开始时，分析来访者处于一个要求被爱之人的位置，他把自己放在一个可爱之人的位置上，为了成为对方的欲望客体，他愿意付出一切。但是，在爱的隐喻中转化发生了，或者说欲望的替代发生了，这种成为**一切**、拥有**一切**的欲望替换为用自己的缺失去吸引欲望者的欲望。

正如我们所说，这种分析家的欲望与成为分析家的渴望之间没有任何关系，后者可以有各种各样的形式，经历了出于挑衅、嫉妒或负罪感而占据他的分析家位置的欲望，更不用说在分析家的接待来访中可能出现的最复杂、最压抑的人物形象，它们往往都与上演（mis en-acte）有关。要发现一个精神分析家并非受分析家的欲望所驱使，比找出这种并非自明的奇怪欲望的原因要容易得多。我们必须认识到，并非每一次分析都会产生一位精神分析工作者。

让我们试着澄清一个误解，它与巴黎弗洛伊德学院（EFP）任命"分析工作者"及其刻在墙上的格言（"分析工作者只被自己……和少数其他人授权"）有关。巴黎弗洛伊德学院并非排斥选择（这种选择保证了分析家能力），相反，学院对此是严格的。"实践分析工作者"（AP）并不是该学院所承认的头衔，但是学院承认这个分析工作者的开业声明。而"学院分析家成员"（AME）的头衔则是分析工作者能力和实践的保证。这个头衔不是由分析工作者自己申请获得的，而是由评审委员会在听取了其训练分析家、其督导师的意见以及其他同事的证词后任命的。如果说一名分析工作者在决定接待病人时就可以授权自己是分析工作者，那么其他人决定接受他是一名精神分析工作者，就要从他的言谈、临床工作、解释的闪光点以及他撰写的著作中发现他的分析家欲望。只要在精神分析机构注册，就不存在自封的分析工作者。如果说成为分析家的欲望是在治疗结束时突然出现的，它也可以在分析过程中或者在分析结束很久之后产生。它也可能蒸发、重新出现或消失。但如果要描述"坚不可摧的"东西，我们就需要把它变位为"先将来时"[1]。这样我们可以说，弗洛伊德、拉康和其他一些人终其一生都被这种欲望所占据。

拉康于1967年在巴黎弗洛伊德学院设立"通过制度"，就是为了解决驱使人们去占据分析家位置的"欲望"[2]谜题。虽然他的这一尝试并没有得出结论，但他发起了这场游戏是值得的。不乏问题存在。比如与苏格拉底以及弗洛伊德相关的问题，因为他们的欲望变化发生在治疗之外。我们是否应该假设这种欲望在治疗之前就已经存在，就像我们说，移情在与分析工作者相遇之前就已经在设置中被安置下来？这是否可能是一种朝着"不动心"（ataraxia），朝着某种"去共情化"（apathie），朝着所有那些包含着对存在的减法式（这种减法会产生强烈的欲望）的否定前缀的"去"（a）的特殊倾向？它是苏格拉底和弗洛伊德所感受到的召唤意义上的天职吗？拉康在《意大利注释》中补充道："如果他（主体）对此没有热

1　先将来时是法语中特有的时态，它意味着：1.将来之前的过去；2.表示某个观点；3.表示某特定时间前的动作。后面紧接着的这句话，作者使用了先将来时肯定了弗洛伊德和拉康的分析家的欲望。译注。

2　Jacques Lacan, « Discours à l'École » (6 décembre 1967), in *Autres Écrits*, Paris, Seuil, 2001, p. 276-277.

情，可能会有分析，但绝不会有分析家。"[1] 没有热情，就不可能有考虑我们知识的实在或者其界限的欲望。热情源自希腊语 enthousiasmos，意为"神圣的运输""神圣的占有""诗人的灵感"。然而，精神分析不正是始于弗洛伊德的惊奇和赞叹的禀赋吗？惊奇是驱使第一批思想家进行哲学思辨的能力。在《泰阿泰德篇》中，柏拉图借苏格拉底之口吃惊地说："这种惊奇的状态，完全就是一个哲学家的状态；事实上，哲学不就是以这种方式开始的吗？"[2] 这难道不也是分析倾听所必需的一种精神姿态吗？

拉康假定，"柏拉图的令人难以置信的移情"[3] 与他在苏格拉底离世当天缺席了最后一次门徒圈子的面谈不无关系。他甚至假设，"也许柏拉图的全部作品都只是为了掩盖这次缺席而作"[4]。而将这一推

---

1 Jacques Lacan, «Note italienne» (1973), 出处同前, p. 309。

2 Platon, *Théétète 155d*, in *Œuvres complètes*, Paris, Gallimard, Bibliothèque de la Pléiade, 1950, p. 103.

3 Jacques Lacan, *Le Séminaire*, livre IX, *L'Identification*, séance du 15 novembre 1961.

4 Jacques Lacan, *Le Séminaire*, livre XII, *Problèmes cruciaux pour la psychanalyse* (1964-1965), séance du 20 janvier 1965.

理应用到拉康，以及应用到他的作品上去证明他对弗洛伊德的巨大移情，是一种强烈的诱惑。弗洛伊德于流亡和濒临死亡的途中在巴黎停留的那天，拉康也不在场。

1964 年 4 月 15 日，在《罗马报告》发表十年之后，在与法国精神分析学会（SFP）分裂并被精神分析官方机构"逐出教会"之时，拉康在他的《精神分析的四个基本概念》研讨班的一次讨论上说："在《罗马报告》中，我与弗洛伊德发现的意义结成了新的联盟。"[1] 当然，是移情支持了这个声明，它采用的是与移情定义直接相关的弗洛伊德的"联姻"（alliance）和"错误联姻"（mésalliance）的能指。拉康与弗洛伊德发现的意义联结而成的新联盟并非独立于弗洛伊德的旧的"联姻"的能指，而是在"错误联姻"中得到了更新。"错误联姻"使他能够在弗洛伊德未解决的问题的基础上创造出新的概念。他还在其著名表述中使用了弗洛伊德的"结"这一隐喻："移情要求

1　Jacques Lacan, *Le Séminaire*, livre XI, *Les Quatre Concepts fondamentaux de la psychanalyse*, p. 142.

我们将其视为……一个戈尔迪之结[1]。"[2]

在他生命的最后岁月里，他不停把玩并制作绳结作品，试图用拓扑学的术语将实在、符号和想象登录到精神分析的实践中。他在《……或许更糟》研讨班上向公众展示波罗米结……他宣称结"就像戴在手指上的戒指"[3]那般适合！是的，但这枚戒指弗洛伊德没有传给他，而是传给了那些他收养的人，合适地戴在那些人的手指上。我指的是那些秘密委员会的成员，弗洛伊德送给他们每人一枚希腊凹雕样式的戒指。拉康不是这个家族的一员，弗洛伊德没有收养他，没有指定他为自己的继承人。关于他的"波罗米结"，可能是他的"父之名"，四年后，离拉康去世不到五年的时候，他明确表示："波罗米结就是这个东西，它是弗洛伊德让一切都取决于父亲功能这一事实的证

---

1 戈尔迪之结，源自希腊神话，戈尔迪（Gordias）是弗利基亚国王，他用极复杂的绳结将牛轭捆在其牛车上，声称谁解开了此绳结，就会成为整个亚细亚的统治者。后 nœud gordien 引申为难题的意思。译注。

2 Jacques Lacan, *Le Séminaire*, livre XI, *Les Quatre Concepts fondamentaux de la psychanalyse,* p.148.

3 Jacques Lacan, *Le Séminaire*, livre XIX, *... ou pire* (1971-1972), Paris, Seuil, 2011, p. 91.

明。"[1]他一直到生命的最后一刻都保持着这种波罗米结式的联盟。

我们注意到，要接近弗洛伊德的欲望，他必须通过苏格拉底谜一般的欲望。这绝非偶然。在思想史上，是苏格拉底开创了知识要服从于辞说连贯性要求的欲望，换句话说，就是将对真理的热爱与言说方法的实施联系起来。在一次讨论中，拉康甚至说苏格拉底杀了他！"不仅对我来说是谜团，苏格拉底似乎是一个人类的谜团，一个从未见过的案例。"[2]当他重读《会饮篇》这个"充满谜团的文本"，将其"作为一种分析性会谈的总结"[3]时，他承认弗洛伊德曾多次提到这篇对话中提出的爱的理论，并承认他欠柏拉图的债务："在精神分析中发展的性欲与柏拉图的神性是接近的。"[4]拉康在《会饮篇》中看到一种鼓励，表明他向柏拉图寻求参考是正确的。他补充说："如果我

1　Jacques Lacan, *Le Séminaire*, livre XXIII, *Le Sinthome*, p. 65.

2　Jacques Lacan, *Le Séminaire*, livre VIII, *Le Transfert*, p. 429.

3　同前，p. 38。

4　Sigmund Freud, *Trois Essais sur la théorie sexuelle*, préface à la 4e éd. (1920), p. 33.

们相信弗洛伊德在脚注中告诉我们他在《会饮篇》中关于爱的恰当性方面欠了柏拉图什么的话，"他接着说，"那就是他在移情方面的平静。"[1]

对移情之爱不沾沾自喜，识破移情之爱骗局的能力：虽然这些都是精神分析工作者应该具备的特质，但这些特质对拉康来说还不足够独特，他认为女性立场对于获得自由、摆脱移情之爱的控制更有优势。

他在其《焦虑》研讨班中指出："女性分析工作者在分析家的欲望中更加自由。"[2]他将这种自由归因于她与欲望的联系在某种程度上摆脱了石祖的束缚。女性面对的是"大他者"的欲望本身，石祖客体只在其次。病人把客体、阳具放在她那里，但是她并不试图助长这种幻觉，从而为欲望的转化敞开大门，这种转化的欲望不再是理想化客体的欲望，而是作为缺失的客体欲望。

为了接近大胆的自由，这是一个有益的考虑，之前弗洛伊德和苏格拉底也注意到了这一点。在我看来，

1　Jacques Lacan, « Position de l'inconscient » (1966), in *Écrits,* p. 837.

2　Jacques Lacan, *Le Séminaire*, livre X, *L'Angoisse* (1962-1963), Paris, Seuil, 2004, p. 214.

精神分析工作者的显著特点就是著名的苏格拉底式的"无托邦"——不随波逐流，以及对流行观点的偏离，这种偏离是由追求真理的求知欲望所决定的。在精神分析的实践中，重点要放在对诗意的发现及其重要的相关因素——冒险上面。正如弗洛伊德对普菲斯特神父（pasteur Pfister）所说的那样："在我们的材料中，有一些东西鼓励我们去冒险，去大胆面对你和专属于你的无意识风险。"[1] 冒着"你和专属于你的"无意识的风险，这也就是说，参与到移情的出现中，而不是在最意想不到的或最令人不安的表现形式面前逃避。

最后，我想强调一下分析家欲望的悖论性，拉康在其《欲望及其解释》研讨班的结尾处用苏格拉底的方法指出了这一点："我们发现自己处于一种悖论的境地：我们作为中间人、助产士，是主持欲望来临的人，但不是为我们自己，而是为了他人。"[2] 分析家的欲望不能被交换，如阿尔西比亚德斯所希望的

---

1 Sigmund Freud, Oskar Pfister, *Correspondance,* lettre du 24 janvier 1910.

2 Jacques Lacan, *Le Séminaire*, livre VI, *Le Désir et son interprétation* (1958-1959), Paris, Seuil, 2013, p. 572.

那样；也不是自我输出，而是为了被承认而进行的转移。正是在这个意义上，我把精神分析工作者称为"**欲望的渡者**"（passeurs de désir）。

术语译名对照表

absence	缺席
affect	情感
alliance	联盟，联姻
amour de transfert	移情之爱
association	联想
Autre	大他者
contrainte（Zwang）	强制，强制力，强制性
contre-transfère	反移情
déliason	失联
deplacement	移置
désir de l'analyste	分析家的欲望
Einfall（Einfälle）	（德）偶然观念，偶发观念
énoncé	陈述内容
énonciation	陈述活动
équivoque	双关，歧义
Eros	（希）爱神，生冲动

erraten	猜测，猜出
ex-sistence	离在
faux nouage （falsche Verknüpfung）	虚假的联结
Heirat	（德）婚姻
identification	认同
le discours analytique	分析的辞说
liason	关系
manque	缺失，匮乏
mésalliance	错误联盟，错误联姻
mise en acte	上演
non-sens	荒诞，荒诞之物，无意义
nouage	结，纽结
perte	丧失
présence	在场
répétition	重复
resistance	阻抗
signe	标志、记号
Thanatos	（希）死神，死亡冲动
transfère	移情
vide	空洞

译后记

这是一部有趣的作品，里面隐藏着谜语。面对一切人类的艺术作品，就像俄狄浦斯面对斯芬克斯一样，都是面对谜语。这篇后记有点像一个谜底揭晓的部分，我们在犹豫中把谜底写了出来。但是，这只是我们猜出的谜底，不能代表读者自己的猜测。因人因时因地而异，谜底会有多个，并不唯一，但都存真。慢慢阅读本书，每位读者都能从自己的角度，解开作者在写作时精心布下的谜局，我们相信解开谜题时大吃一惊又无比欣喜的感受是直接翻看答案页无法取代的。

凯瑟琳·穆勒女士一开始并不懂德语，她是带着探索的精神，一点点重读德语版弗洛伊德著作的，包括那些陈旧的个案。我们说这些个案陈旧，是因为每位精神分析家可能对这些个案的起因、发展、演化及其结局都了如指掌。但是，于无声处听惊雷，于无色处见繁花，于陈旧处显新奇，穆勒女士就是通过这些分析家耳熟能详的旧日文章与个案，给我们带来新颖的见解。

这也让我们再一次明白，经典文章要常读，每次读它们，都能带来新的启示。它们的确像被切割好的钻石，每一个切口都熠熠生辉。穆勒女士某天在重读弗洛伊德作品时，发现一句话："移情必须被猜出！"（Errate die Übertragung!）天要塌了！阅读了那么多年的精神分析著作，接受了那么多年的精神病学训练，做了那么多年的个人分析和案例督导，最后要去猜移情！凯瑟琳怀疑自己的眼睛，它们的确有些老花了，但她的脑子还保持着清醒：我读了几十遍个案，为何却从未看见这个词？

凯瑟琳不甘心，她决心从德语原文中继续寻找答案。这个寻找答案的过程也是本书成型的过程，她带我们实实在在地体会了在无意识中翻找真相的过程，也带我们真真切切地体会了找到的快乐！循着"erraten"（猜测）这把钥匙，她试着开启了一系列大门。比如，在弗洛伊德的文献中，我们能发现如下一条线索：

erraten（猜测，出自杜拉个案）—verraten（揭露）—Rat（建议、方法，出自《俄狄浦斯王》）—Rathausstrasse（市政厅大街，弗洛伊德最早的诊所地址）—Frau Hofrat（枢密顾问夫人，出自鼠人个案）—Ratten（老鼠）—heiraten（结婚，移情的本意：一个表象与另一个表象的结合）—Heirat（婚姻，鼠人个案）

读一遍，再读一遍，抛弃它们的固有意义，我们就能听到、看到它们之间的联系：在以"Rat"为中心的能指（这是弗洛伊德与他的来访者之间的能指）的滑动中，移情萦绕其间。这里我们没有穷尽这个链条上的每个环节，但是在书中我们用斜体标记了它们。有点像童话里的"小拇指"用彩色的石头找回家的路。在这个滑动当中，我们看到了另一个弗洛伊德，另一种精神分析。

本书的确为我们解释了移情这一概念，但是它更是一个精神分析实践的绝佳例子。主体的生平、经历、家庭以及他们所处的时代，与主体的精神世界息息相关，与主体的创造息息相关，对于精神分析的创立者弗洛伊德，也不例外。是他的个人能指链，是他的倾听和他的欲望铸就了"杜拉""鼠人"……尽管谨慎，弗洛伊德终究还是以身入局，他不只是用他的思想和经验发明了精神分析，更是用他整个人发明了精神分析。要完成"猜出"这个命令，他必然担负起分析家的使命，于是无言的哑女开口说话，失败的男人超越父亲。在弗洛伊德与他的分析来访者之间，正是移情在熟悉又诡异地震荡着；在弗洛伊德的失败与成功之间，正是移情，让他触摸到了精神分析的本质。

翻译完本书，我们由衷地再一次向拉康致敬。是拉康最先面对精神分析的占卜学并且肯定了它的价值："猜测"并没有让精神分析失去理性，相反，这才是精神分析的真正理性。拉康看到，猜测一开始就笼罩着精神分析，从《释梦》开始就是，梦是通向无意识的王道，但是，释梦也是猜测，显梦是谜面，隐梦是谜底。

更重要的是，是拉康把解谜的工具说得清清楚楚，它不是别的，就是语言，就是能指。是能指的换喻与隐喻制作着谜面。能指与所指之间的任意性，允许了分析家与来访者将各自的欲望编织进移情的舞台演出。移情必须被猜测，但是猜测有猜测的门道，不是胡猜一气。言语的字里行间透露着蛛丝马迹，那些语气，那些音调，那些韵律，那些歧义，那些言语当中看似微不足道的变化，就隐藏着猜出移情的重要线索。

是语言允许了拉康所说的符号性移情，这是真正的精神分析性移情。这个移情能真正地阻断重复的强制力，带来意想不到的变化与创造。移情并不是精神分析当中的特别现象，它普遍存在于每个人的生活中。把过去带到当下，这不难，因为主体的无意识一直就是这么做的，它无时无刻不在用我们"不知"的过去影响着我们的现在，这是想象性移情。拉康指出，是精神分析认真对待了移情，让它从想象领域飞跃进象征符号领域。也就是说，在与分析工作者的相遇中，在分析工作者的欲望支持下，在分析工作者的猜测参与下，分析来访者制作过去的经历，让它成为记忆，成为历史，成为故事，成为小说，总之，成为每个主体自身的人性诗歌……

翻译总有很多遗憾，没办法完整地传达原文的信息，但也正是这些遗憾继续制作着谜题，让我们保持解谜的兴趣和动力。精神分析工作者正是一个制作谜语与猜测谜语的人。

姜余、严和来

2025 年 1 月于南京

我思，我读，我在

Cogito, Lego, Sum